跟着**祝融号**去探火！

这就是**火星**

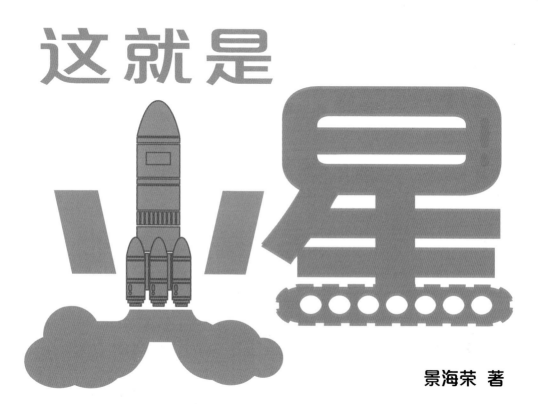

景海荣 著

中国宇航出版社

·北京·

推荐序

火星真是越来越火了!

随着天问一号的成功发射,随着它发回第一张火星照片,随着它平稳进入停泊轨道,更多人的目光和思绪,追踪着它,拓展到更深邃的宇宙空间。

随着火星车征名活动的展开,随着祝融号火星车成功着陆,那颗神秘红色星球的重重迷雾,马上就要被更精确的科学数据冲散。

作为一位空间探测技术的研究者和传播者,我由衷欣喜地体会到,包括很多中小学生在内的广大公众,对宇宙知识有了更浓厚的兴趣。同时,高兴地看到,在这个中国空间探索的历史性节点,景海荣副馆长的《这就是火星》适时出版。

这是景博士利用业余时间,为中小学生编写的火星百科全书。火星上有水吗?火星有多大?我们为什么要探测火星……关于火星方方面面的问题,景博士在书中都进行了详细讲述。

不过,我特别推荐这本书,不仅仅是因为它的"全",同时也因为以下两点:

一是它的"新"。景博士在编写过程中不仅采用了最新的探测数据,在定稿后,仍然时时关注火星探测的最新进展,并及时更新。

二是它的"炫"。全书知识点与高清图片紧密对应,避免枯燥描述,帮助小读者直观理解。

有时候,有些家长心中不免会有些疑问——星星那么远,太空旅行和移民还那么遥不可及,空间探测技术那么高深神秘,有必要让孩子花费时间读这类书吗?我想说的是,"志当存高远",我们不仅要脚踏实地,也该遥望星空。对于小读者们来说,不仅要有好成绩,也要树立远大理想、培养科学思维、提升综合素养。而优秀科普图书的价值,恰恰就在这里。

所以,亲爱的小读者们,请翻开《这就是火星》,放飞梦想,在科学的宇宙里自由翱翔吧!

全国空间探测技术首席科学传播专家
中国空间科学传播专家工作室首席科学传播专家

庞之浩

　　时光荏苒，我从事天文科普工作已经几十年。孩子们对知识的兴趣与渴求，点亮了他们的双眼，照亮了我的星空。在与孩子们的沟通交流过程中，我发现了一个有趣的现象——他们的求知欲没有界限，他们从不满足于被动地"知道了"，还要主动地问"为什么？"比如，越来越多的孩子会认真地问：

　　"我们为什么要了解火星？为什么探索火星？"

　　小孩子就是爱提大问题！真是又让我头疼，又让我欣慰。头疼的是这个大问题不好解答，欣慰的是我相信，爱提大问题的小朋友才会有大未来。下面，我就根据自己多年的思考，尽可能简洁地把这个大问题回答一下：

　　火星是地球的亲兄弟，是离我们最近的行星。我们了解和探索火星，有三方面的意义：

　　首先，帮助我们了解地球和太阳系的历史。从理论上讲，火星和地球曾经很相似，而现在却大有不同。火星的大气、水和磁场去了哪里？火星曾经有生命吗？记住，只有认清历史，我们才能看清未来。

　　其次，帮助我们丰富和改善现在。探索火星是一个非常庞大的系统工程，要解决很多具体的科学技术问题。解决这些问题的过程，也是提升人类科技水平的过程，积累的经验、开发的新材料和新设备还能运用到很多其他领域。

　　最后，帮助我们开拓更有希望的未来。地球是我们人类目前唯一的家园。在保护它的同时，我们也要未雨绸缪，规划未来。比如改造并移民火星，更进一步的是移居到其他星系的行星。未来的路很长，我们要早早起步。

　　以上，仅仅是我能想到的答案，属于你们自己的答案，还需要你们通过阅读和思考来提炼。

　　人类的未来，像宇宙一样广袤无垠，充满未知。人类能否掌握自己的命运，取决于一代代人的合作、探索和坚持。

　　未来的开拓者们，我希望你们能保持好奇，敢于问天，奔赴星辰大海。出发吧！

景海荣

目录

飞临火星（图源：NASA）

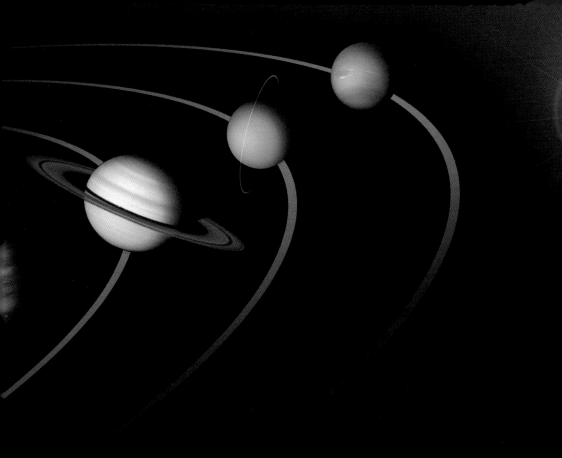

太阳系有八大行星,由内向外依次是水星、金星、地球、火星、木星、土星、天王星和海王星。前四颗是岩质星球，被称为类地行星；后四颗主要由气体和液体构成，被称为类木行星。

太阳系八大行星位置示意图（图源：NASA）

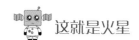

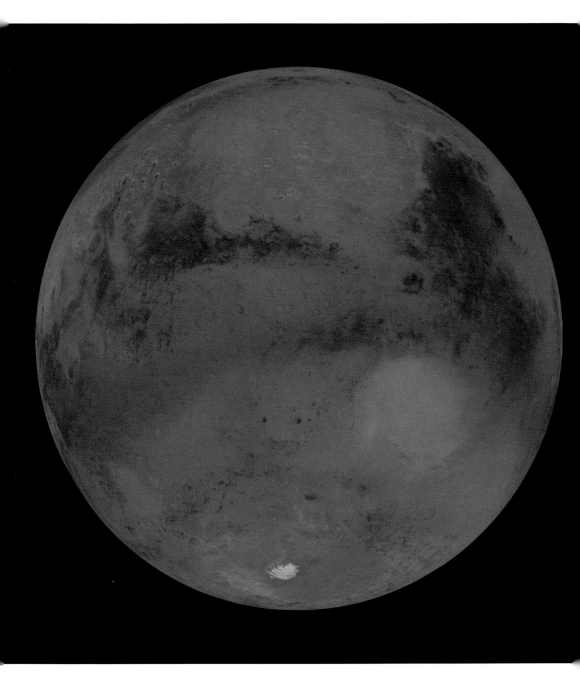

水手 1 号拍摄的火星 （图源：NASA）

穿透红色迷雾，看清科学事实
——火星概况

在夜空中，火星呈现出浅红色，因此，它又被称作"红色行星"。这一抹神秘的色彩，来自火星地表丰富的赤铁矿（氧化铁）。在遥远的古代，它引发了人们的丰富联想——古巴比伦人认为那是不祥之兆，他们称火星为"死亡之星"；古希腊和古罗马人或许是想到了血液，进而想到了血腥的战争，所以称火星为"战神星"，火星的英文名称 Mars 就来源于此。

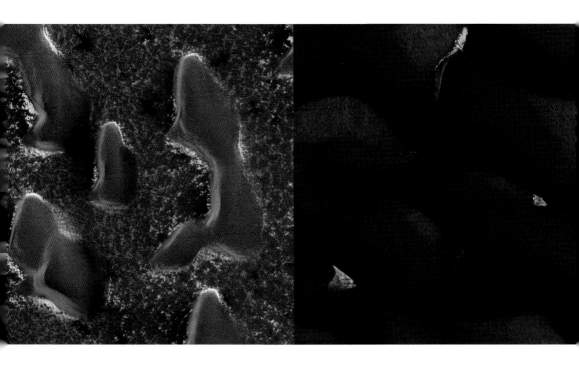

火星表面的红色沙丘（图源：NASA/JPL/University of Arizona）

美国克利夫兰美术馆收藏的古罗马时期战神浮雕（图源：Gift of J. H. Wade）

而在我国古代，火星被称为"荧惑"。"荧"是指那微弱的烛火般的浅红色星光。"惑"是指火星的亮度和运行方向都常有变化，令人疑惑。为什么会这样呢？这是火星的运行轨迹决定的，后面会详细讲到。

每到酷暑难耐的时候，总会有人引用《诗经》中的"七月流火"这句诗来形容高温。其实，这个用法是一种误解。首先，"七月"是农历七月，不是公历七月。其次，"火"是指一颗叫心宿二的恒星，而不是火星。这句诗的意思是说，农历七月，心宿二从上向下运行。我们以后可别再以讹传讹了。

1. 火星的大小和质量

　　火星的直径大约是地球的 53.2%，体积大约是地球的 15.1%，表面积和地球的陆地面积相当。（别忘了，地球的大部分表面积是海洋。）在太阳系八大行星中，火星只比水星大，排在第七位，是地球的小弟弟。

火星和地球的大小比较示意图（图源：NASA）

火星的质量大约是地球的 10.7%，表面重力大约是地球的 37.5%。比如说，在地球上重 50 千克的物体，在火星上的重量只有约 18.8 千克。（总是减肥失败的人，请考虑预订移民火星的飞船票吧！）

2. 火星的公转和自转

火星的自转轴与公转轨道面的倾角为 25.19°，而地球是 23.44°，非常接近。因此，和地球一样，火星上也有四季之分。只不过，由于火星的公转周期是 686.97 个地球日，所以，火星的每个季节的长度都差不多是地球的两倍。火星的自转周期是

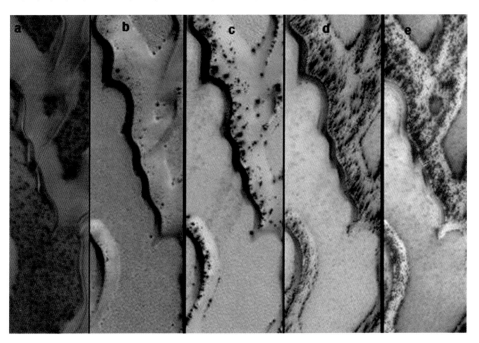

火星北极附近一个地点在不同季节的变化（图源：NASA）

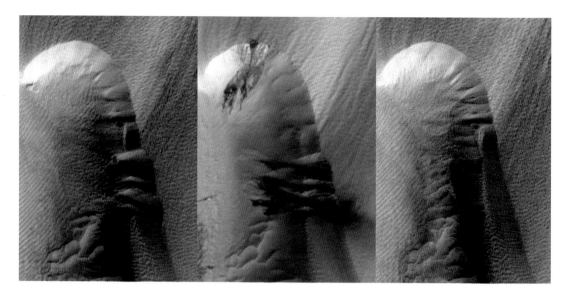

火星北部一座沙丘的季节性变化（图源：NASA）

24 小时 37 分 23 秒，地球是 23 小时 56 分 4 秒，这一点也非常接近。

3. 火星到太阳和地球的距离

宇宙极其辽阔，为了便于测量计算星球间的距离，天文学家设定了一个特殊的测量单位——天文单位。1 天文单位就是地球和太阳之间的平均距离，约为 1.5 亿千米。火星与太阳的平均距离为 1.52 天文单位（约 2.28 亿千米），近日点距离为 1.38 天文单位（约 2.07 亿千米），远日点距离为 1.67 天文单位（约 2.51 亿千米）。

由于火星和地球都在围绕太阳公转，而且公转轨道都是椭

在地球拍摄的火星 （图源：NASA）

火星上的日落 （图源：NASA）

火星车拍摄的地球和月亮 （图源：NASA）

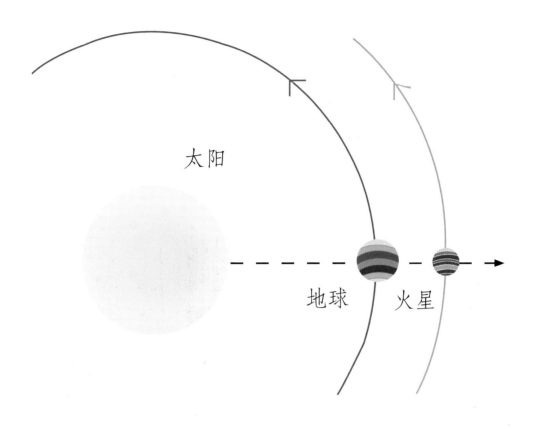

火星冲日时太阳、地球和火星的位置示意图（制图：史凤仙）

圆形，火星又在地球的外侧，因此，火星与地球之间的距离变化非常大。最近距离约为 5 500 万千米，而最远距离则超过 4 亿千米。地球和火星之间的会和周期大约每 26 个月出现一次，这个天文现象叫"火星冲日"。2003 年的 8 月 27 日，火星与地球的距离仅为约 5 576 万千米，是 6 万年来最近的一次。这次火星冲日属于"火星大冲"。

🌑 4. 火星的环境

　　现在的火星基本上是一颗沙漠行星，地表沙丘、砾石遍布，一片荒芜。天文学家普遍认为，火星表面没有稳定的液态水。不过，根据已经获得的探测数据分析，火星曾经是温暖湿润的，有液态水存在。2021 年 4 月，美国和法国科学家组成的研究团队发表论文提出，火星环境的变化，不是从湿润到干旱那么简单，而是在湿润与干旱环境之间反复经历了几次大规模的变化，最终演变成了现在的样子。

火星远古湖泊的艺术设想图（图源：NASA）

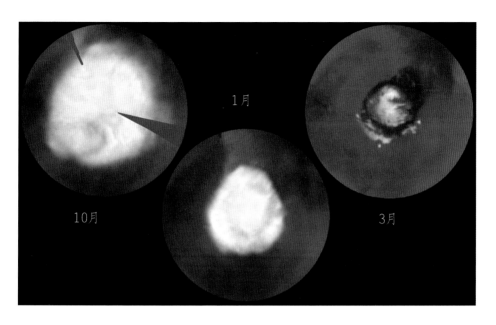

火星北极冠的季节性变化（图源：NASA）

火星大气的主要成分是二氧化碳，既稀薄又寒冷，大气密度大约只有地球的1%。沙尘悬浮在大气中，铺天盖地的沙尘暴经常发生。在火星的南极和北极，都有由水冰与干冰（固态的二氧化碳）构成的极冠。白色帽子一样的极冠会随着季节的更替而增大或减小。

5. 火星的地貌特征

与地球相比，现在的火星很平静，地震和火山喷发等地质活动并不活跃。火星的地貌可能是在非常遥远的古代形成的，主要特征就是星罗棋布的陨击坑、火山与峡谷。这看似平淡无奇，

却拥有两大亮点：一是太阳系已知最大的火山 —— 奥林波斯山；
二是太阳系已知最大的峡谷 —— 水手谷。

水手谷就像是火星的一道巨大伤疤（图源：NASA）

南极地区   北极地区

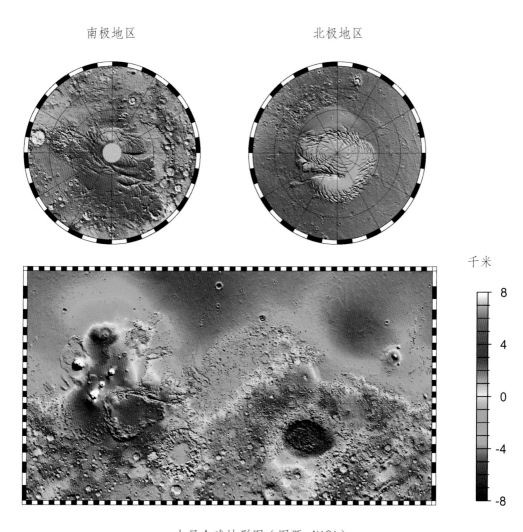

火星全球地形图（图源：NASA）

　　火星地貌特征还有一个独特的地方，就是南北半球的差别非常明显：南半球多是古老的、密布陨击坑的高地，北半球则多是较年轻的平原。总体上说，火星的地貌特征还是很复杂的，我们将在第四章详细了解。

6. 火星的温度

因为离太阳更远，火星获得的太阳辐射大约只有地球的43%，所以火星的平均温度比地球低很多，约为 -63℃。火星

积满冰霜的陨击坑（图源：NASA/JPL-Caltech/University of Arizona）

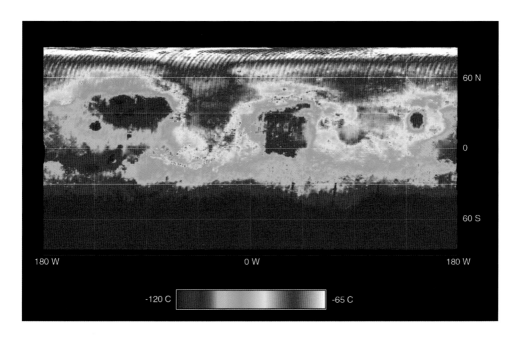

火星地表温差示意图（图源：NASA）

的公转轨道是椭圆形的，所以近日点和远日点的温差非常大。冬季的最低气温可达约 –140℃，而夏季最高气温则约为30℃，全年温差竟然有约170℃。同时，火星的大气层非常稀薄，没有多大的保温作用，这就造成火星一天的温差也非常大。例如，在火星赤道附近，夏季一天的温差就能超过100℃。

　　总之，说到火星的温度，最突出的特征就可以用"温差大"三个字来概括。所以，火星车要造得非常"皮实"。将来，当人类登陆火星后，无论是宇航员，还是游客或移民，只要离开基地外出，大部分时间都必须穿上保温的宇航服，虽然看上去有点臃肿。

7. 火星的内部结构

迄今为止，探测器还不能在火星上很深入地钻探。所以，对于火星的内部结构，科学家只能依靠它的表面情况资料和有关的大量探测数据来分析推断。大多数科学家认为，与地球拥有地壳、地幔和地核类似，火星的内部结构也是分层的。火星的核心由高密度物质组成；中间是一层厚厚的熔岩地幔，应该比地球的地幔更黏稠一些；最外面是一层薄薄的岩石外壳。火星很可能从来没有发生过板块运动，这一点跟地球有很大的不同。

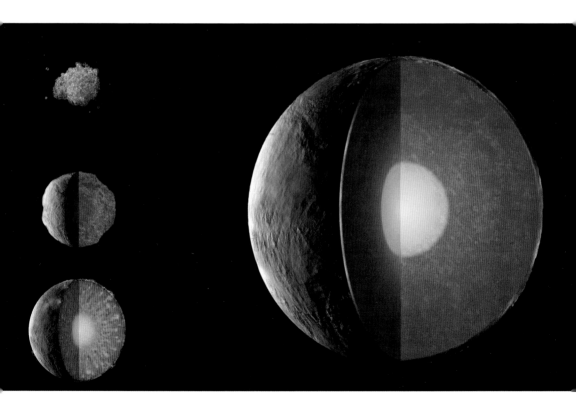

岩质行星形成过程及火星的内部结构示意图（图源：NASA）

8. 火星的卫星

火星有两颗天然卫星 —— 火卫一和火卫二。这两颗卫星的形状都很像不规则的"马铃薯",它们都是岩质天体,可能是火星在形成早期"捕获"的小行星。也就是说,它们在经过火星附近时,被火星的引力吸引住了。

火星及其卫星示意图(图源:NASA)

其中,火卫一长约 26.8 千米,它体积更大,离火星更近。火卫一与火星之间的平均距离约 9 378 千米,这是太阳系中所有主星与其卫星的距离中最短的。火卫一上有一个巨大的坑,是被陨石撞击出来的,叫斯蒂克尼陨击坑。

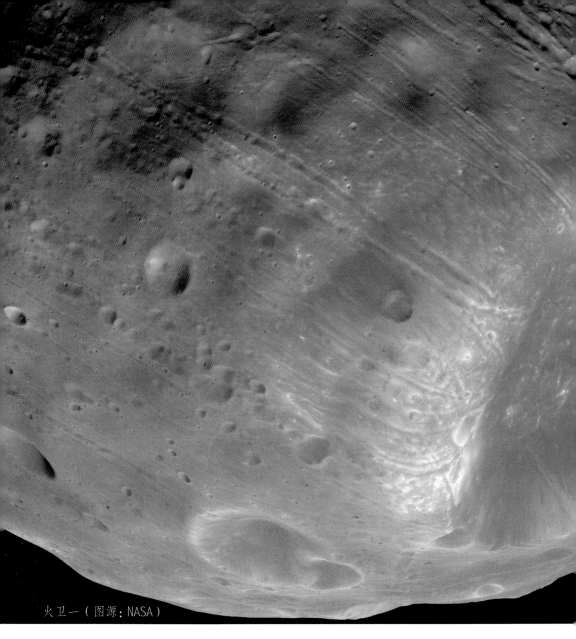

火卫一（图源：NASA）

由于轨道离火星很近，火卫一的公转速度快于火星的自转速度。因此，如果我们从火星表面观察火卫一，就会目睹一幕奇观：它从西边升起，在约 4 小时 15 分钟内划过整片火星天空，在东边落下。更神奇的是，由于轨道周期短以及火星引力的作用，火卫一的轨道半径正在逐渐变小。最终，在未来的某一天，它将撞到火星表面，或者破碎形成火星环。相比一下，我们应该庆幸，地球拥有月亮那么"文静"的卫星。

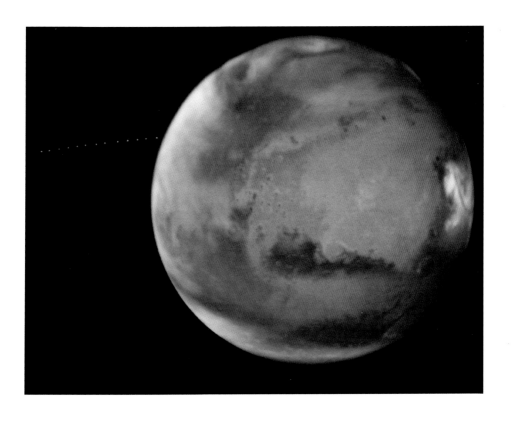

哈勃太空望远镜在 22 分钟内连续拍摄 13 次，显示出火卫一的运行轨迹（图源：NASA）

火星的另一个小伙伴 —— 火卫二长度约为 15 千米，它与火星的平均距离是 23 460 千米，每 30.3 小时环绕火星公转一周，轨道速度为 1.35 千米 / 秒。火卫二是目前已知的太阳系最小的卫星。

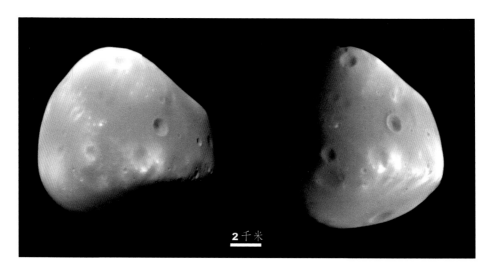

火卫二（图源：NASA）

火星的卫星虽然看似微不足道，但是，在人类未来探索火星的过程中，它们可能会发挥非常重要的作用。因为这两颗小卫星上很可能储存着冰。已经有科学家提出，要想移民火星，就要先控制火卫一作为中转站。

当两颗卫星运行到火星和太阳中间时，在火星上也能看到日食。这跟在地球上看到的日食的原理是一样的。

火星上看到的日食
（图源：NASA）

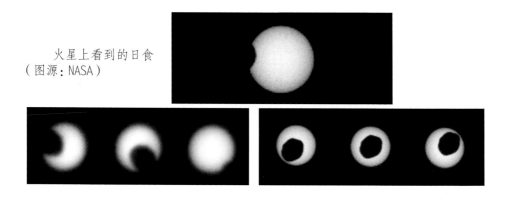

大小 （赤道直径）

地球　火星　月亮

1　1/2　1/4

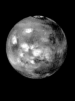

12 756千米　6 792千米　3 475千米

火星面积与地球陆地面积相当

质量

1　1/10

5.9722 x 10^{24} 千克　6.4169 x 10^{23} 千克

体积

火星体积大约是地球的 15%
地球差不多能装下 6 个火星

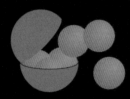

1.1万亿
立方千米　0.163万亿
立方千米

密度

火星密度大约是地球的71%

5.5克/立方厘米　3.9克/立方厘米

构造

科学家们目前还不能确定火星的
核心是固体、液体，还是像地球一样，
介于两种状态之间。未来的探测将告
诉我们真相

地壳　地幔　液态外核　固态内核

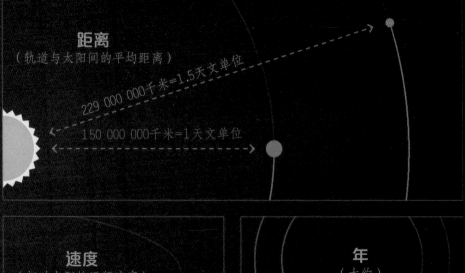

距离
（轨道与太阳间的平均距离）

229 000 000千米=1.5天文单位

150 000 000千米=1天文单位

速度
（相对太阳的运行速度）

107 218千米/小时

86 676千米/小时

年
（大约）

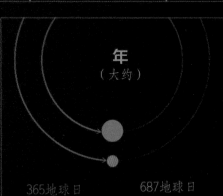

365地球日　　　　687地球日

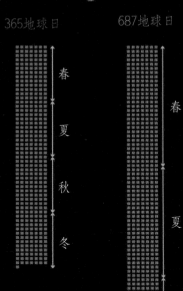

春
夏
秋
冬

春

夏

秋

冬

日
（大约）

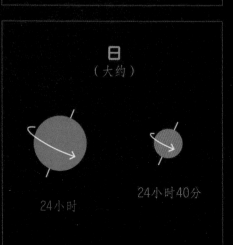

24小时　　　24小时40分

季节/自转轴倾斜度
（大约）

因为自转轴倾斜度类似，所以火星和地球一样有季节，只是每个季节几乎都长一倍

23.5°　　　　　　　　　**25°**

由于火星的公转轨道更加椭圆，所以火星北半球的春季和夏季更长，南半球的秋季和冬季更长

［显示北半球季节］

大气

(特征和主要成分)

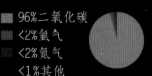

地球大气的密度是火星的100多倍

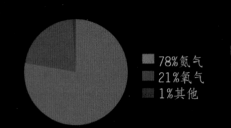

■ 78%氮气
■ 21%氧气
■ 1%其他

■ 96%二氧化碳
▨ <2%氩气
▥ <2%氮气
<1%其他

温度

(近似平均值和高低范围)

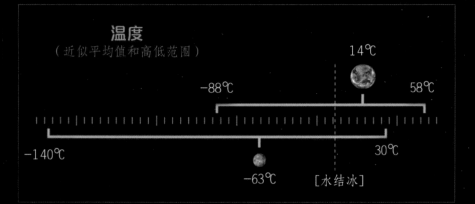

14℃

−88℃   58℃

−140℃   30℃

−63℃   [水结冰]

重量

(引力对质量的影响)

重量是衡量引力对质量影响的尺度。
它的变化取决于你的质量、行星的引力，
以及你和行星中心之间的距离

如果你在地球上重100千克，
那么在火星上你大约只有38千克

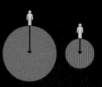

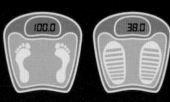

引力

在火星上，你体验到的引力
只相当于地球上的 37.5%

(图源：NASA，汉化：史凤仙)

眼见为实？不，借开普勒的慧眼吧！
——火星的"视运动"

在宇宙这个浩瀚无边的巨大空间里，包括地球在内的所有天体，时时刻刻都在运动。从地球上观察其他天体的运动，首先看到的是反映天体真运动的一种表面现象，天文学家称它是"天体视运动"，简称"视运动"。前面，我们已经对火星有了初步了解。下面，我们就来简单了解一下火星的"视运动"。"视运动"的原理要靠"开普勒三定律"来解释，这些定律的内容比较复杂，小读者不要着急，现在知道这个概念就可以了，在将来的学习中，会逐步理解掌握的。

✦ 1. 开普勒三定律

人类认识太阳系的第一个本质性突破是"地球球形说"。第二座里程碑属于波兰天文学家哥白尼，他石破惊天地提出了"日心地动说"。德国天文学家开普勒在改进哥白尼计算方法的过程中，发现了下面的三大定律：

（1）开普勒第一定律——椭圆定律：所有行星绕太阳的轨道都是椭圆，太阳在椭圆的一个焦点上。

（2）开普勒第二定律——面积定律：行星和太阳的连线在

哥白尼雕像（图源：Pixabay）

相等的时间间隔内扫过的面积相等。

（3）开普勒第三定律——调和定律：所有行星绕太阳一周的恒星时间（周期）的平方与它们轨道半长轴（长半径）的立方成比例。

为了纪念开普勒，科学家在月球和火星上命名了"开普勒陨击坑"，发射了"开普勒太空望远镜"，还把它发现的太阳系外行星用"开普勒－数字和字母"来编号。

地球与开普勒－1649c 比较示意图（图源：NASA）

2. 火星相对太阳的"视运动"

牛顿在开普勒等前辈的成果基础上提出了万有引力定律，使天文学家能够更精确地计算行星的运动。根据这些理论，火星相对太阳的"视运动"大体可以分成四个阶段：

首先是**合**。这时，火星、太阳和地球在一条直线上，而太阳在中间，挡住了火星。火星与太阳同升同落，我们在地球上看不到它。合以后，火星偏离太阳向西运行。因而，每天黎明前，可以在东方天空看到它。它同太阳的角距离一天天加大，每天升起的时间也就一天天提早。

接下来是**西方照**。这时，半夜 12 点左右，火星就从东方升起。等太阳升起时，它已转到正南方。之后它继续偏离太阳向西，升起的时间逐步转到上半夜，并一天比一天提早。

这是一张火星冲日时拍摄的照片（图源：NASA）

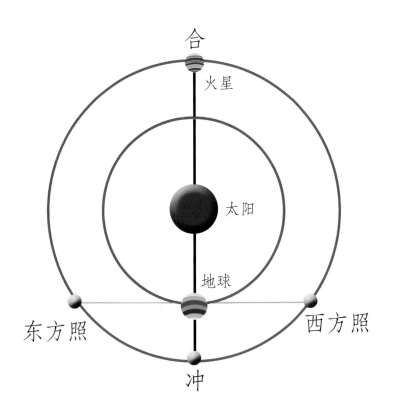

火星相对于太阳的"视运动"示意图（制图：史凤仙）

当火星再次和地球、太阳在一条直线上，而地球在中间时，就是冲日，简称**冲**。这时，傍晚太阳刚落山，火星就从东方升起。等到第二天早晨，太阳刚升起时，火星就在西方落下。所以，我们整夜都可以看见它。

冲以后，火星继续向西偏离太阳，也可以说，从东面慢慢靠近太阳。它从东方升起的时间也由傍晚而提早到下午，在这个阶段，当太阳落山后，它已在东南方向出现，下半夜它在西边落山，大半个夜晚都可以见到。然后，是**东方照**。这时，太阳一下山，火星就出现在南方天空；到半夜，在西方落山。

火星继续由东边靠近太阳，当它又运行到太阳背后时，再次**合**日了。

火星就这样周而复始地重复着"视运动"。两次合的间隔时间称为火星的会合周期。在一个会合周期中，火星的"视运动"可简单归结为：**合→西方照→冲→东方照→合**。相应的，我们从地球上观察火星的情况是：看不见→午夜升起→整夜可见→午夜落山→看不见。

3. 火星相对星空背景的"视运动"

和恒星比起来，我们在地球上观察火星和其他行星的运动，会觉得它们的运动轨迹真是有些让人困惑。因为它们的运动虽然是有规律的，但很复杂，并不是按照固定轨迹按时出现在相应的位置。大部分时间，火星在星空背景中是顺行状态（从西向东运行），小部分时间是逆行状态（从东向西运行）。两种状态转换时，火星在天球上的位置会短时期不动，这个情况称为"留"。

其实，不论是顺行、逆行还是留，都是我们在地球上观察所产生的视觉错觉。这是因为，火星绕太阳公转时相对位置产

从肯尼迪航天中心遥望火星（图源：NASA）

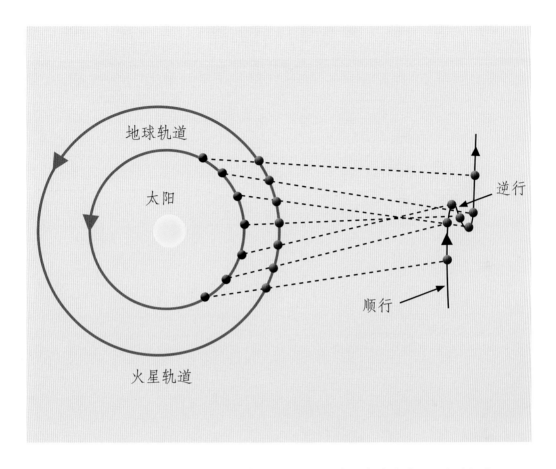

火星相对星空背景的运行示意图，逆行总是发生在冲的前后一段时间内（制图：史凤仙）

生变化，导致在地球上观测到的火星在天球上的投影产生了逆行和留的现象。

看起来是不是有点困惑？所以，这就难怪中国古人称火星为"荧惑"了！不过，别着急，耐心琢磨上面的示意图，一定能豁然开朗，不再困惑！

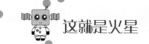

复习与思考

1. 请按从内到外的顺序，说出太阳系四颗岩质星球的名字。

2. 火星为什么看上去是红色的？

3. "七月流火"到底是什么意思？

4. 火星的体积大约是地球的百分之多少？

5. 火星的公转周期大约是多少个地球日?

6. 火星与太阳的平均距离大约是多少千米?

7. 火星的大气密度只有地球的百分之多少?

8. 太阳系已知最大的火山叫什么?

9. 太阳系已知最大的峡谷叫什么?

10. 火星比地球更温暖还是更寒冷?

第二章
跨越千年的观测

中国科学院国家天文台兴隆观测站（摄影：Tea-tia）

飘忽的"荧惑"与喜怒无常的"战神"
——目视观测时代

很久很久以前，人类就在璀璨繁星中注意到了火星。不过，它曾长期被古人视作邪恶、不祥的象征。因为人们通常认为红色象征着鲜血，而鲜血则意味着战争和灾祸。古人把不祥、战乱的现实和火星联系了起来，甚至通过观察它来预测命运，这当然是不科学的。

对于火星的命名，还有什么比"战神"更适合的吗？在古希腊神话中，战神名叫"阿瑞斯"（Ares），他是奥林匹斯十二主神之一，是战争和暴乱之神，被形容为"嗜杀成性的魔王"，是力量和权力的象征。也正是因为这个名字，对火星的研究被定义为火星学（Areography）。

古埃及人、古罗马人（称火星为马尔斯——Mars）、古巴比伦人、古印度人和古代北欧居民都不谋而合地视火星为战神，在他们的语言中，火星都是以战神的名字命名的。古印加人称火星为安夸库，古苏美尔人称它为西莫德，在古希伯来语中火星被称为马迪亚姆。

在中国，古人称火星为"荧惑"。"荧"是指红色的火星像夜空中的点点荧光。"惑"首先是指火星的亮度时常变化，冲日

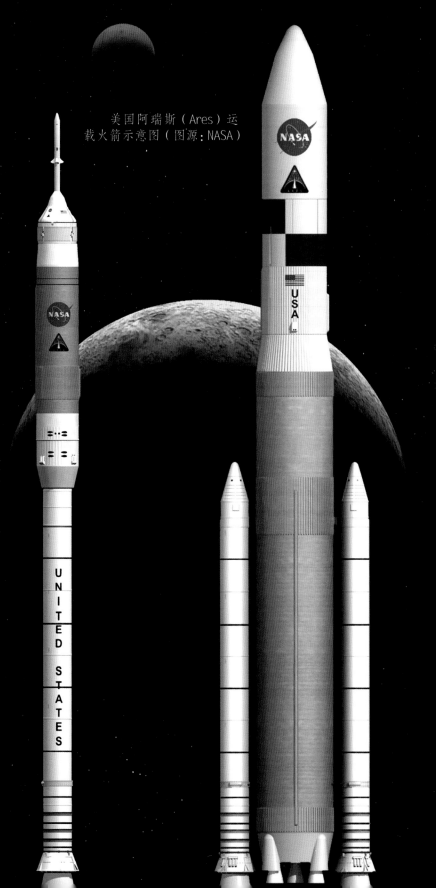

美国阿瑞斯（Ares）运
载火箭示意图（图源：NASA）

时更亮，平时就更暗一点；其次，就像我们在第一章了解到的那样，火星有时从西向东运动，有时又从东向西运动，路径复杂。对于缺乏天文知识的古人来说，确实是太令人迷惑了。

火星的体积差不多是月球的 7.4 倍，但只有地球体积的 15.1%。同时，月球和地球的距离在 36.3 万千米到 40.5 万千米

之间，而火星和地球的最近距离大约是 5 500 万千米，最远则超过 4 亿千米。这么遥远的距离，导致在地球上观察火星非常困难。因此，在天文望远镜诞生（1609 年）以前，人类对于火星的了解非常有限。但是，人类始终锲而不舍地注视着它、凝望着它、猜测着它、幻想着它……

英国巨石阵。科学家认为它可能是 4 000 至 6 000 年前建造的，目的是为了观测天象，可能是天文台的雏形（图源：Pixabay）

1. 中国古代火星观测简史

中国古代的天文观测记录，在世界上是数量最多、延续时间最长、最具系统性的。这些记录不仅对研究古代天文观测方法、观测制度和古代天文学理论等都有重要意义，而且对今天的科学研究也具有非凡价值。

在这些古老的记录中，很早就有许多是对行星的观测，而火星正是其中重要的一颗。

中国古代天文学家把行星和其他天体之间的位置关系，分

4 000多年前的山西襄汾陶寺古观象台（根据考古成果复原，摄影：居宁）

这个蟹状星云是一颗超新星的遗迹，中国和日本
的天文学家在公元 1054 年记录下了它（图源：NASA）

成**掩星**、**犯星**、**留守**等几类。行星掩星指的是行星遮蔽其他天
体的现象。在所有的位置记录中，行星掩星最引人注目。因为

这就是火星

在肉眼能观察的天象中，对行星掩星的观测是精度最高的。关
于火星掩星，早期的记录保存在古代史书《晋书》中。

行星犯星是指行星近距离从其他天体旁经过的现象，现在
则称为**合星**，比如火星合木星、金星合月等。对于火星合星的
早期记录可以在古代史书《宋书》中看到。

留守是指行星在某一段时间内相对恒星背景运动缓慢的现
象。如果行星处于留时恰好在某颗恒星旁边，则称为**守**。中国

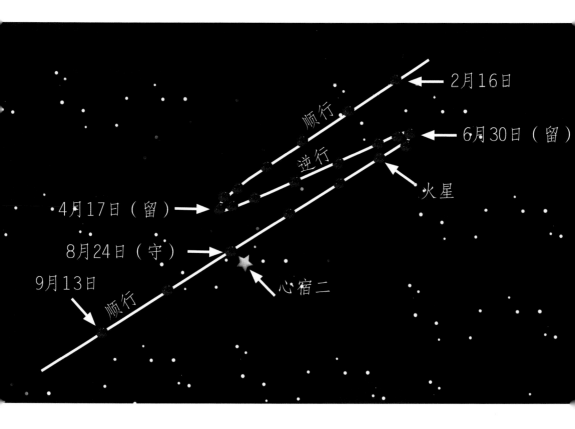

2016年"荧惑守心"示意图（制图：史凤仙）

古代天文学家为观测日、月、五星运行，把星空划分成二十八个星区，称为二十八星宿。其中的"心宿"简称为"心"，就是现代天文学中的"天蝎座"。当火星（荧惑）运行到"心"附近，并在那里留守，这就出现了中国古人所说的"荧惑守心"天象。那时，它被认为是最不吉利的天象之一。有学者对"荧惑守心"天象的星占含义和历史记载进行了全面研究，发现了一个非常有趣的现象——古代文献中的23次"荧惑守心"记录，竟然有17次其实根本不曾发生。而自西汉以来实际应发生的近40次"荧惑守心"天象，却大多没有见到文字记载。这其中的原因很复杂，除了天气状况、观测失误等情况，最主要的原因很可能有两个：一方面是有的史官为了把历史事件和天象对应起来，蓄意编造；另一方面是古人特别忌讳这个最不吉利的天象，刻意不记录。

《宋景公三善言而得寿》是中国古代一则著名的历史故事。《吕氏春秋》《淮南子》《新序》《史记》《论衡》等多部古典文献都曾讲到它。这个故事大意是：

宋景公三十七年（公元前480年），太史兼司星官子韦预测将出现"荧惑守心"的天象。宋景公担心会发生灾难，便问他，如何做才能避免？子韦告诉宋景公，心宿对应着宋国的地域，"荧惑守心"意味着君主有生命危险。但是，可以把这个灾祸转移给宰相。宋景公不同意，他说："宰相是为我治国理政的，如果

北京古观象台的简仪（摄影：李泽翊）

他生命受到威胁，也不吉祥。"子韦又说，可以转移给百姓。景公反对："老百姓都死了，我还给谁当国君呢？"子韦建议，或者可以把这个灾祸转变成灾年。景公还是不同意，灾年老百姓都吃不上饭了，哪有国君为了自己活命而不顾百姓的？既然不可避免，那是我命该如此，就让我来承受这个灾难吧！子韦听了，便又去观察天象。过了一会儿，他气喘吁吁地跑回来，向宋景公拜了两拜说："恭喜主公！天虽然高高在上，但能倾听地面的声音。对您刚才的三次大善之言，上天必有三赏。现在，荧惑已经偏离心宿，上天将给您延寿 21 年。"这个感天延寿故事的核心思想是宣扬君主应施行仁政，为百姓着想。但也充分体现了古人对"荧惑守心"这类天象的高度重视。

2. 天文学伯乐和千里马
——第谷与开普勒

在天文望远镜出现之前的 1576 年到 1596 年间，丹麦著名天文学家第谷·布拉赫对行星运动，尤其是火星的运动进行了详细的观测和研究。

第谷是一个充满好奇心的传奇人物。他出身丹麦贵族，是一位卓越的天文观测者。1559 年，他进入哥本哈根大学学习。不久后的 1560 年 8 月，第谷根据预报，成功观察到一次日食，这使他对天文学产生了极大的兴趣。

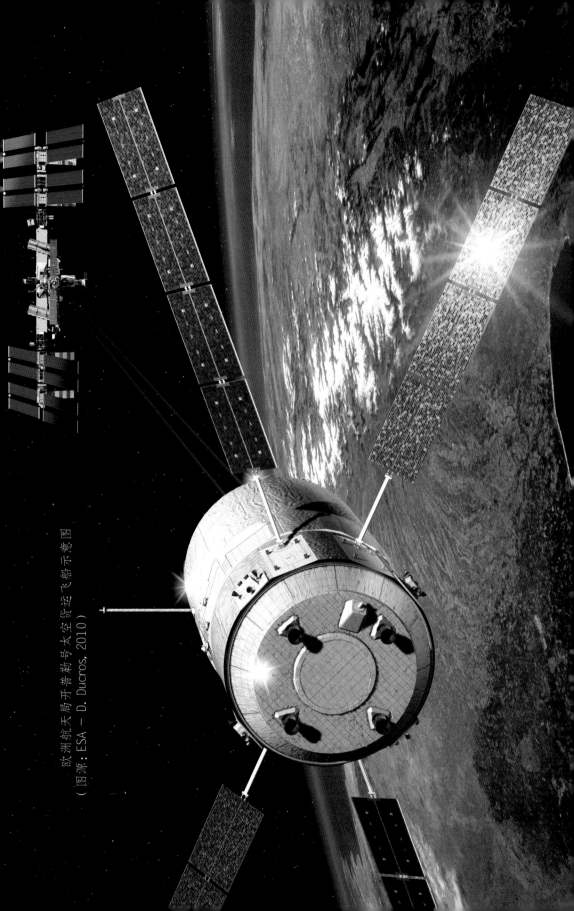

欧洲航天局开普勒号太空货运飞船示意图

（图源：ESA – D. Ducros, 2010）

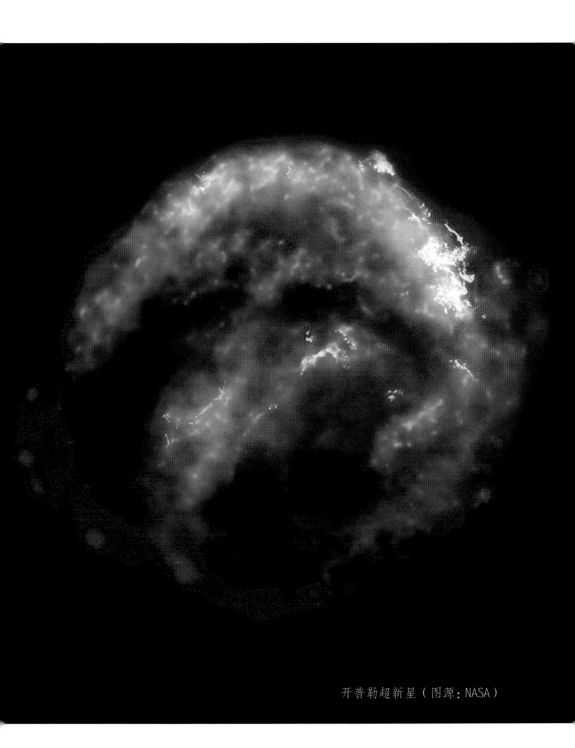

开普勒超新星（图源：NASA）

1562 年，他转到德国莱比锡大学学习法律。不过，仍坚持利用业余时间研究天文学。1563 年，第谷观察了木星和土星，注意到**合**的发生时刻竟然比星历表预计的早了一个月。他认为当时使用的星历表不够精确，于是，开始了长期系统地观测，计划编制出新星历表。

1572 年，第谷发现仙后座新出现了一颗明亮的星星，它的亮度甚至超过了金星。第谷持续观测了近两年，直到它变暗。这颗星星就是历史上著名的"第谷超新星"。第谷的详细观测记录彻底动摇了亚里士多德的"天体不变学说"。

1576 年，丹麦国王腓特烈二世将汶岛赐给第谷用作新的天文台台址。于是，第谷在这座位于丹麦和瑞典之间的小岛上建立了"观天堡"，这是世界上最早的大型天文台。1599 年，丹麦国王腓特烈二世驾崩。后来，第谷在波希米亚国王鲁道夫二世的支持下，移居布拉格，建立了新的天文台。

第谷把他的一生都奉献给了行星运动的观测事业。他不仅是伟大的天文学家，也是一位伯乐。我们在上一章认识的开普勒，就是他发掘的人才。1597 年，26 岁的开普勒出版了《神秘的宇宙》一书，设计了一个有趣的宇宙模型。两年后，第谷偶尔看到那本书，十分欣赏作者的智慧和才能，立即发出热情洋溢的信，邀请开普勒做自己的助手，还寄去了路费。开普勒来后，师徒俩朝夕相处，形影相随，结成了忘年交。事业上，第谷精心指导；

开普勒太空望远镜（图源：NASA）

经济上，第谷慷慨资助。第谷由衷希望开普勒这匹千里马早日飞奔。后来，两位个性十足的天文学家之间产生了误会和冲突，开普勒甚至一度离开。但第谷以开阔的胸怀化解了矛盾，两人重归于好。1627 年，两人合作编著的《鲁道夫天文表》出版了，成为当时最精确的天文表。

临终前，第谷将毕生积累的观测资料都交给了开普勒，其中火星的观测资料尤其丰富。相传，第谷语重心长地对开普勒说："除了火星给你带来的麻烦之外，其他一切麻烦都算不了什么。火星我也要交托给你了，它真是够一个天才麻烦的。"

开普勒在这些观测资料的基础上，通过自己的努力，最终总结出著名的开普勒三大定律，从而打破了两千年来天体只能做匀速圆周运动的传统观念。开普勒三大定律进一步证明了哥白尼"日心说"的科学性，帮助人们摆脱了"地球是宇宙中心"的错误观念。同时，这三大定律也为牛顿发现万有引力定律创造了条件。

除此以外，第谷还不惜血本设计制作了大量先进的天文仪器，包括象限仪、纪限仪和天球仪等。他还在 1598 年出版了《机械学》一书，把他的设计方案详细记录了下来。第谷对天文学的贡献是不可磨灭的，他的观测精度之高，同时代天文学家都望尘莫及。第谷可以说是近代天文学的奠基人。

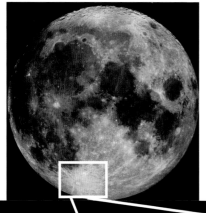

为纪念第谷，科学家把月球南端那个明显的环形山命名为"第谷环形山"（图源：NASA）

第谷环形山的近距离特写 （图源：Pixabay）

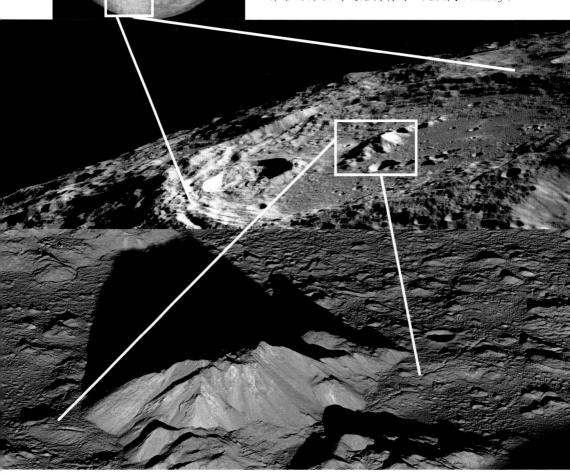

第谷环形山内部山峰的特写（图源：NASA）

用科学之眼看得更远更清晰
——望远镜观测时代

1. 第一个看清火星的人
——天文望远镜之父伽利略

1609 年，伟大的意大利科学家伽利略·伽利雷制造了世界上第一台天文望远镜。从此，人类对宇宙的观测进入了更深邃

伽利略像、手稿和他发明的天文望远镜（图源：Pixabay）

更宽广的领域。

伽利略是全能型天才，集数学家、物理学家和天文学家于一身，他是举世公认的科学革命先驱，是近代实验科学的奠基人之一。伽利略从实验中总结出了自由落体定律、惯性定律和伽利略相对性原理等，推翻了亚里士多德的许多论断，奠定了经典力学的基础。

伽利略出身于没落的贵族家庭，1592 年开始在帕多瓦大学担任教师。这期间，他系统地研究了落体运动、静力学等内容。1597 年，他收到开普勒赠送的《神秘的宇宙》一书，从此开始对日心说产生浓厚兴趣，进而确信它是正确的。

1609 年，社会上盛传荷兰出现了望远镜。在还没见到实物的情况下，经过几天的思考之后，伽利略用风琴管和凸凹透镜制作了一架望远镜。荷兰的望远镜是用来观察远方的船舶的，而伽利略把他的望远镜指向了浩瀚星空，用它去观察日月星辰。就这样，人类历史上的第一架天文望远镜诞生了。

借助这架天文望远镜，伽利略很快就有了大量发现，比如：木星有 4 颗卫星；金星像月亮一样具有盈亏变化；月亮是一个遍布陨击坑的灰暗世界；土星非常奇怪，有多变的椭圆外形；银河是由数不清的发光体组成的,等等。此外,他还观察到太阳黑子，并论证了它们是在太阳表面运动的。

在天文观测过程中，一些疑问在伽利略脑海中浮现出来，

为了纪念伽利略,美国国家航空航天局把第一枚木星探测器命名为伽利略号,这是伽利略号飞向木星的示意图(图源:NASA)

伽利略号对木星及其4颗卫星进行了详细探测。这张照片是利用伽利略号拍摄的照片合成的（图源：NASA）

很多是关于火星的。1610 年 11 月，伽利略在给朋友卡斯特雷的信中写道：

> 我不敢断言自己观察到了火星的盈亏变化。然而，除非要我自欺欺人，否则我确信自己真的看到了，火星的确不是完美的一成不变的圆盘形。

从伽利略将信将疑的态度可以看出，对火星的观测是非常艰难的。即使在最佳观测时机，通过小型天文望远镜能看到的

图像也不够大、不够清晰。

还记得吗？火星的体积大约是月球的 7.4 倍，而它与地球的最近距离是 5 500 万千米，这大约是地月距离的 150 倍。因此，即使在火星大冲的时候，从小型天文望远镜里看到的火星也非常小，只有月球上的一座环形山那么大。下面的 3 张照片，是我们中国的一位天文爱好者在北京市利用小型天文望远镜和相机拍摄的。能获得这样的效果，已经很不容易了！

（摄影：@大麦芽）

2. 第一张火星地图

不过，早期的天文观测者们并没有气馁，他们一直在不懈努力。据说，第一张利用天文望远镜绘制的火星地图出现在1636年，作者是意大利天文爱好者冯塔纳。他告诉大家：火星看上去是完美的圆形，中心有一个深色的核，非常像一颗黑色的药丸；表面五颜六色，但缤纷的色彩只出现在凹陷区域。两年后，他画了第二幅火星地图，仍然可以看到"药丸"和完美的外形。其实，那个"药丸"是他那架望远镜不完善的光学系统造成的。他在观测金星时也画出了类似的斑点。而且，他看到的多种颜色是光学误差的结果，火星的色彩可没那么丰富。随后的几年中，在火星表面细节的观测方面，天文学家持续进行尝试，但并不成功。

3. 天文学双子星
——惠更斯与卡西尼

作为17世纪的优秀观测者，惠更斯和卡西尼有许多杰出的发现。为了纪念他们，美国国家航空航天局在1997年发射的土星探测器就是以他们的名字命名的。

惠更斯1629年出生在荷兰海牙，不仅是天文学家，也是物理学家和数学家。他是介于伽利略和牛顿之间的一位重要的物理学先驱，对力学和光学的研究有杰出的贡献，是近代自然科

卡西尼惠更斯号上的红外线相机拍摄的土卫六泰坦
（图源：NASA）

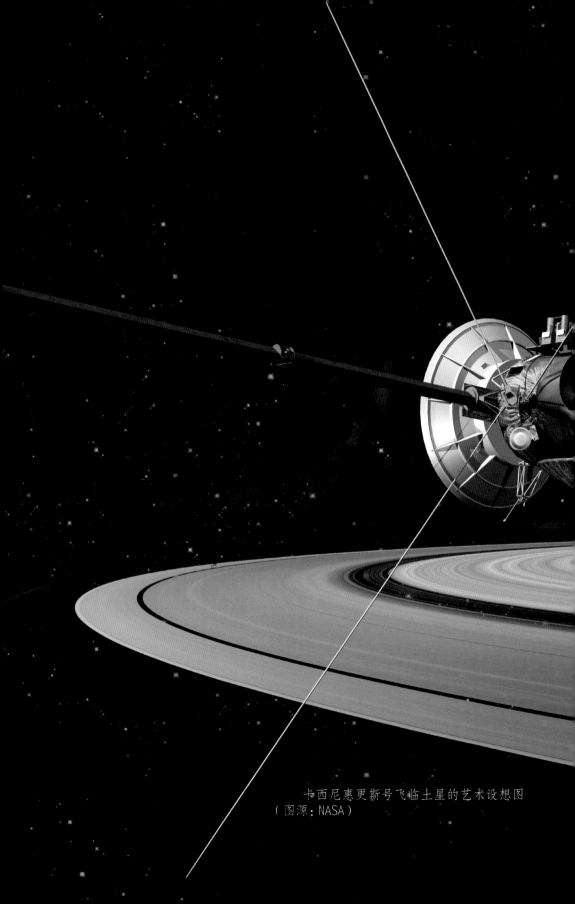

卡西尼惠更斯号飞临土星的艺术设想图
（图源：NASA）

学的一位重要开拓者。

惠更斯自幼聪慧，13岁时就自己制造了一台车床。他研读了阿基米德等人的著作，并受到笛卡尔等人的直接影响，树立了远大理想，决心毕生投身力学、光学、天文学和数学研究。1663年，惠更斯被聘为英国皇家学会历史上的第一位外国籍会员。1666年，又被刚成立的法国皇家科学院选为院士。

在天文学方面，惠更斯把大量精力倾注在研制和改进光学仪器上。年轻时就曾经亲手磨制出望远镜的透镜镜片，进而改良了开普勒的望远镜。同时，他在天文观测方面也有不少成就。比如，他发现了土星光环的真相；首先发现了土星最亮的卫星——土卫六泰坦；他还观测到了猎户座星云，等等。

1656年，惠更斯绘制了一幅火星地图。1659年11月28日，他画下了火星最显著的地貌特征之一——三角形黑斑。在不同时期，这个黑斑有不同的名字，比如皇帝海、沙漏海或大流沙等。现在，它通常被称为阿西达利亚平原。

惠更斯长期坚持观察阿西达利亚平原，发现这块黑斑在火星盘面上缓慢地移动。他认为黑斑位置的变化频率是搞清楚火星自转周期长短的重要线索。在1659年12月1日的日记中，惠更斯这样写道：

火星的自转周期和地球的自转周期很接近，大约每24小时自转一周。

斯皮策太空望远镜拍摄的猎户座星云（图源：NASA）

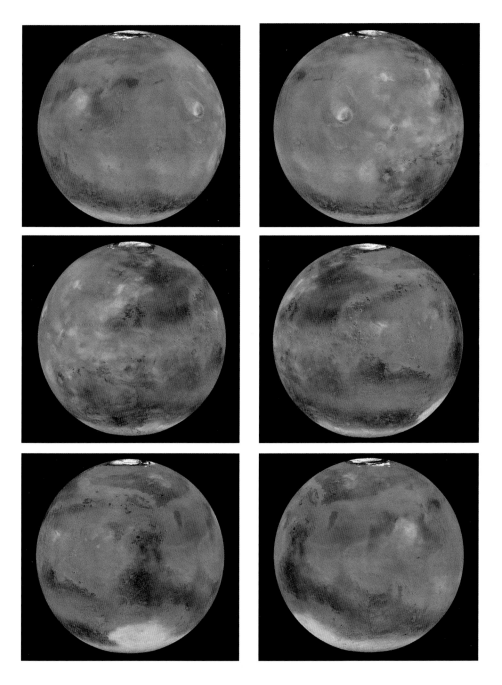

火星自转一周的过程（图源：NASA）

　　卡西尼 1625 年出生在意大利，1648 年至 1669 年在旁扎诺天文台工作。1671 年巴黎天文台落成后，卡西尼成为该台的第一任台长。在 1666 年，他就对火星进行了多次观测。细心的卡西尼发现，火星盘面上的斑纹回到原位置的时间总比前夜要晚40 分钟，以此推算在 36 或 37 天以后，这些斑纹将在相同的时刻回到原位置。他继而推算出火星的自转周期比地球的周期略长——约 24 小时 40 分。对于这个结论，当时还存在争议。天文学家卡姆帕尼和他的助手提出，火星的自转周期应为 13 小时。不过，事实证明卡西尼的结论才是正确的。

　　卡西尼也是第一位对火星的白色两极进行了记录的观测者，时间是在 1666 年。它们看上去和地球的冰冻两极几乎一模一样，尤其是它们在火星不同的季节里也呈现出大小变化。它们是冰？是雪？还是云？这个问题引发了很多猜测和假设。后来，卡西尼的学生马拉弟分别于 1704 年和 1719 年对火星的两极进行了研究，他推算出的火星自转周期是 24 小时 39 分。因为火星的真正自转周期是 24 小时 37 分 23 秒，所以马拉弟的结果更接近真实值。和惠更斯一样，除了对火星的研究，卡西尼对土星也倾注了很多精力。他率先发现了土星的 4 颗卫星。1675 年，他发现了土星光环中有一条暗缝，这条暗缝后来被命名为"卡西尼环缝"。

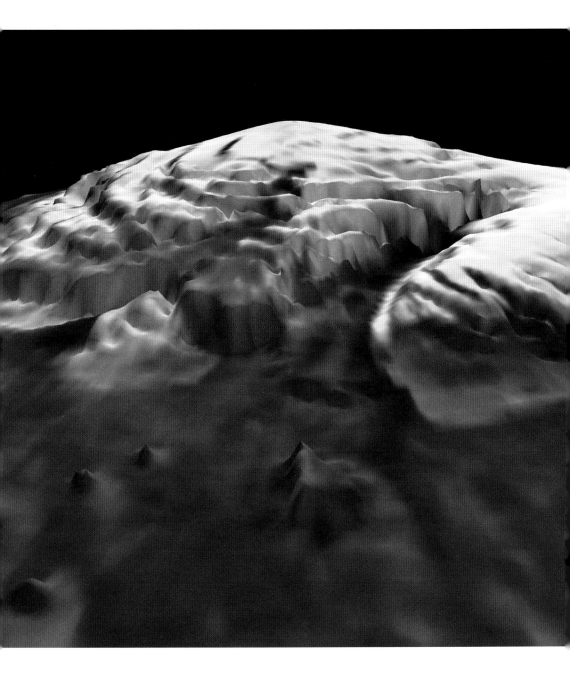

根据激光雷达数据制作的火星北极冰盖三维图像（图源：NASA）

从这张照片中可以看到卡西尼环缝和土星的数颗卫星（图源：NASA）

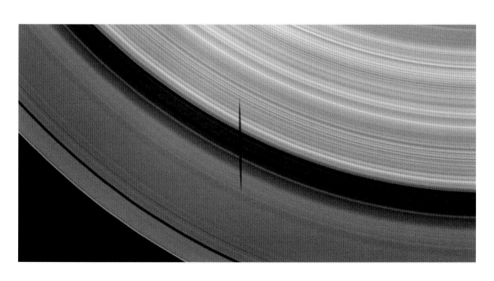

卡西尼环缝的特写，中心的小阴影是土卫一留下的（图源：NASA）

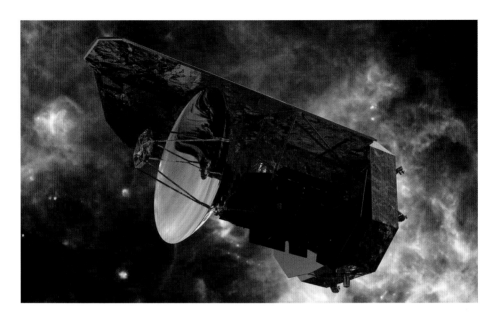

赫歇尔太空天文台（图源：ESA/Herschel/NASA/JPL-Caltech）

4. 恒星天文学之父——赫歇尔

英国的赫歇尔爵士被誉为恒星天文学之父。他是英国皇家天文学会第一任会长、法兰西科学院院士。多才多艺的他同时还是位作曲家。赫歇尔的主要工作与恒星相关，但他在 1777 年至 1783 年间对火星也做了一系列观测。他相信火星的两极被厚厚的冰雪覆盖着，同时也证明了先前关于火星极冠并不正好位于地理极点的假设。赫歇尔测量了火星的直径并且确定其自转周期是 24 小时 39 分 50 秒。随后，两位德国观测者——比尔和马德勒重复了赫歇尔的工作，他们给出的周期修正值是 24 小时 37 分 24 秒，这个结果比真实值仅长了一秒。

火星人大工程还是自然奇观？
——"火星大运河"及其观测者

🎖 1. 斯基亚帕雷利

许多天文学家继续对火星进行详细观测，人类对火星的关注度持续升温。接下来，就是怎么给火星地貌特征命名的问题了。这个问题以前从来没有人认真想过，不同的观测者起的名字也都五花八门。在这一问题上起到引领作用的是英国天文学家普洛克特。1867年，普洛克特画了一张火星地图，为纪念著名的观测者，他就以他们的名字命名图上的地貌特征，例如卡西尼大陆、冯塔纳大陆和马德勒大陆等。这个命名系统得到了英国观测者的接受，但在其他欧洲国家却不受欢迎。

1877年，意大利天文学家斯基亚帕雷利提出新的命名系统，替代了普洛克特的命名系统。斯基亚帕雷利1862年开始担任米兰的布莱拉天文台台长。他对火星的研究工作，是从1877年的火星大冲开始的。这次大冲的确切时间是9月5日，当时火星正位于近地点。斯基亚帕雷利的观测经验很丰富，而且那段时间米兰的天气状况也非常好。于是，他决定绘制一张新的火星地图。大家公认斯基亚帕雷利绘制的火星地图更精确，远远超

斯基亚帕雷利陨击坑内部的一个小型陨击坑的照片，
显示出层层沉积的地层结构（图源：NASA）

过此前任何一位前辈，他在图上标出的许多地貌特征都被后来的观测所证实。斯基亚帕雷利修改了命名法，去掉了比尔大陆、洛克耶区和德瑞耶尔岛等，取而代之的是希腊语地名，比如克律塞、希腊和乌托邦等。在刚提出的一段时间里，两套命名系统同时存在。不过，最终还是斯基亚帕雷利的命名法被广泛采用。我们今天使用的火星地貌特征命名法就是以斯基亚帕雷利的命名法为基础建立起来的。为了纪念斯基亚帕雷利，科学家用他的名字命名了火星上一个直径约461千米的巨大陨击坑。

2. 河道还是运河？

在斯基亚帕雷利的火星地图上可以看到一个最显著的特征，就是一条条纤细的线条穿过广阔的沙漠。斯基亚帕雷利在一篇论文中对这些线条进行了解释：

所有广袤的大陆，从南到北、从东到西都被许许多多或粗或细的深色线条分割，阡陌纵横，变幻莫测。这些线条遍布火星表面，完全不像地球上河流冲刷所留下的蜿蜒痕迹。它们当中，短的不足500千米，长的却可延伸几千千米，差不多相当于这颗行星周长的1/4甚至1/3；有的非常明显，例如著名的"三角洲"；有的则极其模糊，就好像残破的蜘蛛网一般。线条的宽窄也各不相同，"三角洲"的线条宽度大约是200千米－225千米，而有些线条甚至还不到32千米宽。线条之间以任意角度交

叉，但有着向同一点交会的趋势，这些点我们称为"湖泊"。例如，我发现有7根线条在"凤凰湖"交会，8条在"三叉湖"交会，6条流向"月亮湖"，还有6条流向"河神湖"。

对于这些线条的命名，斯基亚帕雷利沿用了意大利天文学

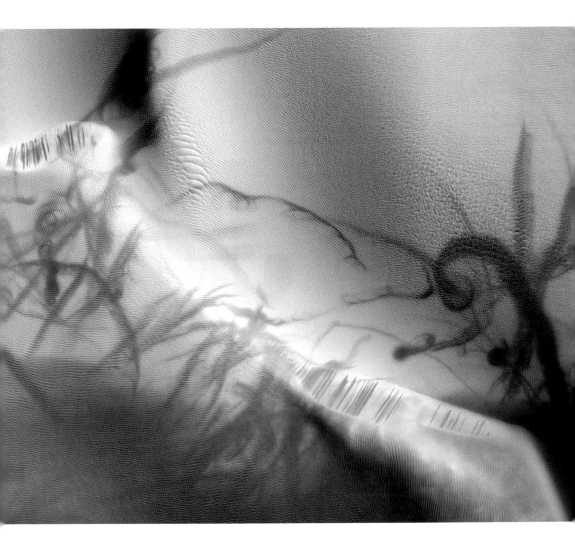

尘卷风在火星表面留下的痕迹（图源：NASA/JPL-Caltech/University of Arizona）

家塞奇在 1869 年的命名——"canali"，这个词在意大利语中有"自然河道"和"运河"两种含义。但后来译成英语时被译成了"运河"。这个译法，激发了人们对火星文明世界的无限遐想。此后，天文学家对火星"运河"的研究流行起来。

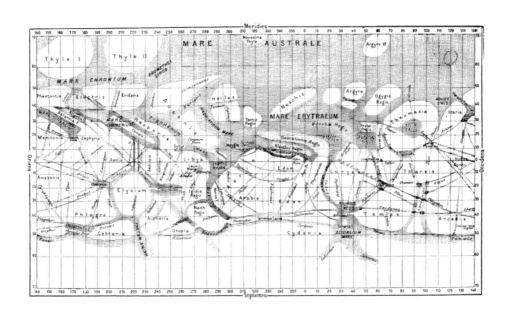

斯基亚帕雷利根据 1877 年至 1886 年间的观测结果绘制的火星地图（图源：NASA/Wikimedia）

斯基亚帕雷利始终深信，火星上的那些线条实际上就是河道，极冠冰盖融化形成的洪水沿着这些河道奔流。起初，他倾向于这些河道是天然形成的。但后来他更相信它们是人工挖掘的，甚至这样写道：

这些线条分布的模式很容易让人们联想到，它们是智慧生物的杰作。经过深思熟虑，我决定不去挑战这种观点，因为这并不是不可能的。

1886 年，人们找到了把这个网状结构视为"运河"的有力证据，那就是两位法国天文学家——皮若廷和梭伦绘制的新火星地图。他们利用了法国尼斯天文台的功能强大的 76 厘米反射望远镜，绘制精度更高。这张新火星地图看上去和斯基亚帕雷

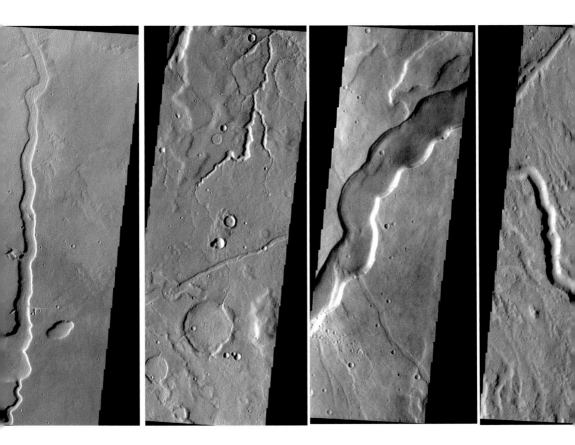

火星上各种形态河道（图源：NASA）

利的作品非常相似，于是，"火星运河说"广泛流行起来。

1890 年，斯基亚帕雷利基本结束了对火星的观测。与此同时，两位美国天文学家皮克林和罗威尔走到了火星观测的前沿。皮克林是哈佛大学的职业天文学家，他既是出色的观测专家——发现了土星的第 9 颗卫星，也是研究月球和行星的权威。从 1892 年开始，皮克林就描绘了许多条火星"运河"，他把"运河"的交会点命名为"绿洲"。皮克林发现，有些"绿洲"是"运河"向四周扩散分布的中心。在被称为"三叉湖"的黑色突出区域，他发现至少 6 条"运河"是从这里发源的。更重要的是，皮克林发现"运河"既会穿越黑色区域，也会穿越明亮的沙漠地带。这一发现实际上给了"黑色区域有水"的想法致命一击。

3. 罗威尔

罗威尔原本是一位外交官，但出于对天文学的热爱决定投身于天文研究。他于 1894 年在亚利桑那州的弗拉格斯塔夫建立了私人天文台，配备了 60 厘米折射望远镜，专门从事火星研究。在他的研究过程中，500 多条"运河"被观测并记录下来。罗威尔对这些运河的真实性深信不疑。在 1906 年出版的专著《火星及其运河》中，他这样写道：

火星运河不仅可以很清晰地看到，而且它的存在是确凿无疑的。在良好的观测条件下，运河的清晰度令人惊讶，它们确

实就在那里。

罗威尔坚信，"运河网"的几何图案不可能是天然的，所以，这颗红色星球上肯定存在着先进的文明。他宣称，在火星上毫无疑问有智慧生命存在，这些智慧生命建造了全球性的灌溉系统，从极冠冰盖处引水到赤道附近的聚居地。现在我们知道，这个观点是错误的。

各种关于火星"运河"的假说层出不穷，这一点并不令人奇怪。人们联想到了堤坝、巨墙，甚至巨大的管道网。在1914年出版的《火星之谜》中，作者豪斯顿指出，将水通过运河从极冠输送到赤道，必须建设水泵站。他对这些水泵站的功能和分布进行了非常详细地描述。也有科学家认为，火星上的"运河"是生物群从一块绿洲迁移到另一块绿洲时形成的，但绿洲是陨石撞击火星表面形成的天然陨击坑。

在"火星运河说"流传得沸沸扬扬的时候，也不缺少反对的声音，代表性人物是希腊天文学家安托尼亚蒂。他认为那些所谓的"斯基亚帕雷利式运河"并不是真实存在的运河。威尔逊和帕洛玛山巨大反射望远镜的设计者海尔，以及火星卫星的发现者霍尔也否认火星"运河"的存在。直到探测器时代来临，持续几百年的火星"运河"争论才尘埃落定——火星上根本没有运河。

在下一章，我们将与那些探测器逐一见面。

火星上的罗威尔环形山，看上去雾蒙蒙的，这是因为拍摄时在刮沙尘暴
（图源：NASA）

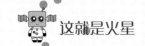

复习与思考

1. 哪个国家古代的天文观测记录，在世界上是数量最多、延续时间最长、最具系统性的？

2. 从地球上观测火星为什么非常困难？

3. 中国古代天文学家把星空划分成多少个星区？

4. 在中国古代，人们认为"荧惑守心"是吉利还是不吉利的天象？

5. 开普勒的伯乐是谁?

6. 谁发明了天文望远镜?

7. 谁发现了土星光环的真相?

8. 谁是第一位对火星的白色两极进行了记录的观测者?

9. 我们今天使用的火星地貌特征命名法是以谁的命名法为基础建立起来的?

10. 火星表面的条纹是运河吗?

第三章
勇往直前的探测器

（图源：NASA）

愈挫愈勇的20世纪

人类对真理的探索追求永无止境。自古以来，人类一直孕育着揽月摘星的梦想。自从1957年苏联将人类第一颗人造卫星送入太空，航天技术有了突飞猛进的发展。月球自然而然地成为人类太空探测的第一目标。而对于和地球高度相似、迷雾重重的火星，我们当然不会满足于只用望远镜遥望它的色彩和线条。从20世纪60年代开始，人类开始持续向火星发射探测器，希望能进行近距离观察，甚至登陆火星进行研究，验证人们对这颗红色行星的无数遐想和猜测。

1960年10月，人类开始了对火星的最初探测，苏联相继发射了火星1A号和火星1B号探测器。但是，都是因为第三级火箭发生故障，这两位开路先锋"出师未捷身先死"，均以失败告终。随后的10多年里，苏联相继发射了多枚火星探测器，悲壮的是，没有一枚达到了预期的设计目标。1971年11月27日，苏联火星2号登陆器在火星表面坠毁，成为第一个到达火星表面的人造物体。1971年12月3日，苏联火星3号登陆器成功地在火星软着陆，成为第一枚抵达火星的探测器。它在火星表面向地球发回约20秒信号后就失去了联系，陷入了永远的沉默。

1964年，美国加入了探索火星的行列，虽然美国发射的水手3号没有成功，但水手4号首次完成飞掠火星的壮举，并传回了第一张在太空中拍摄的火星照片。从照片上看，火星是一

未来的火星基地艺术设想图（图源：NASA
作者：约翰·奥尔森）

1975 年 8 月 20 日，搭载海盗 1 号探测器的运载火箭发射升空（图源：NASA）

个陨击坑密布、死气沉沉的世界，一点都不像有生命的样子。随后几年里，美国发射的水手6号、7号、9号探测器都达到了预期目标。1976年9月3日，美国的海盗2号登陆器在火星表面软着陆，成为第一枚从火星表面向地球发回照片的探测器。

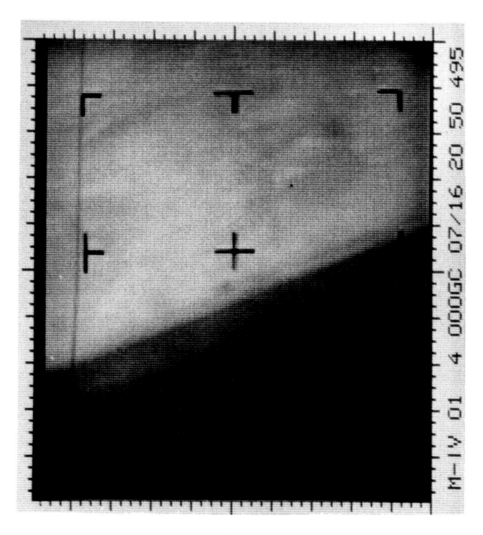

水手4号传回的第一张火星照片（图源：NASA）

　　探索火星的远征之路充满风险与挫折，截至 2021 年 4 月，人类共发射了 48 枚火星探测器，成功率只有 50% 左右。众多探测器或者因发射失败没能远离地球，或者历尽千难万险抵达火星却坠毁在表面，或者永远迷失在幽暗的太空中……

　　这是一部可歌可泣、愈挫愈勇的太空探索史诗，下面，我

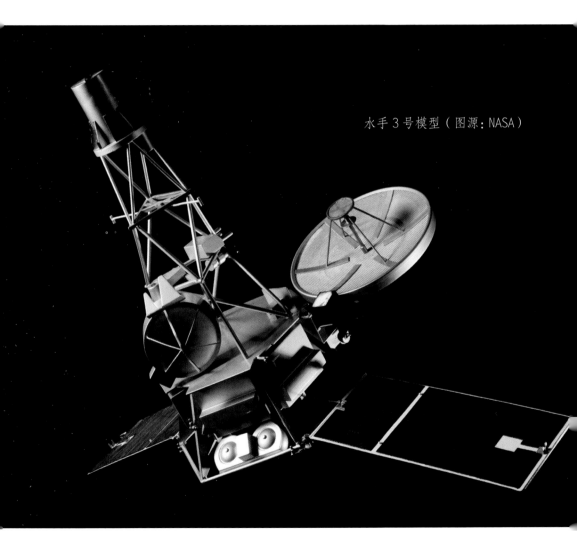

水手 3 号模型（图源：NASA）

们就对这段探索历程进行更详尽地了解吧！

1. 苏联火星1A号等

1960 年 10 月 10 日，苏联向火星发射了第一枚探测器——火星 1A 号。4 天以后，第二枚火星探测器升空。然而，这两枚火星探测的先行者都因为火箭故障，起飞不久就"牺牲"了。

1962 年 10 月 24 日，当火星又一次运行到合适的位置时，苏联的第三枚火星探测器升空了。可是，这次它只是飞到了环绕地球轨道而已。

1962 年 11 月 1 日，苏联向火星发射了火星 1 号探测器，它成功摆脱了地球引力的束缚，进入了前往火星的轨道。按计划，火星 1 号应该在 1963 年 6 月 19 日到达火星。然而，当它飞行到距离地球 1.06 亿千米时，通信联系中断了，从此杳无音信。1962 年 11 月 4 日发射的另一枚探测器同样遭遇了失败的命运。

1964 年 11 月 30 日，苏联再次向火星发射了探测器。它虽然最终到达了火星附近，却没有能够向地球发回与火星有关的探测数据。任务还是以失败告终。

1969 年，苏联又向火星发射了两枚探测器。可惜，这次的失败更加惨重。第一枚探测器在发射 7 分钟后，因为发动机故障，运载火箭发生爆炸；而另一枚探测器在发射后不到 1 分钟就坠向了地面……

✦ 2. 水手3号和水手4号等

20 世纪 60 年代，美国向火星发射了 4 枚水手号探测器。和同时期的苏联探测器一样，由于技术条件的限制，它们还不能环绕火星运行，只能在擦身而过时进行近距离探测，然后就永远告别了。

1964 年，美国先后向火星发射了两枚探测器——水手 3 号和水手 4 号。作为美国的第一枚火星探测器，水手 3 号于 11 月 5 日发射升空。然而，它的保护外壳没能按预定计划成功分离，导致太阳能板无法打开。发射 8 小时后，水手 3 号的电池耗尽了，便与地面永远失去了通信联系。

1964 年 11 月 28 日，水手 4 号发射升空。它于 1965 年 7 月 14 日在火星表面 9 800 千米上空掠过火星，向地球发回了 21

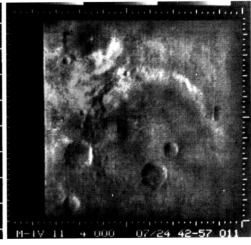

水手 4 号发回的照片（图源：NASA）

水手 7 号飞临火星示意图（图源：NASA）

张照片，成为有史以来第一枚掠过火星并发回探测数据的探测器。此后，水手 4 号又在环绕太阳的轨道上运行了 3 年，对太阳风进行探测。水手 4 号发回的数据表明，火星的大气密度远比此前科学家预测的低，而且也没有发现火星磁场。这些新数据促使科学家修改了后续的火星探测计划。同时，科学家判断，火星上存在生命的可能性比先前预测的更小。

　　1969 年美国向火星发射了水手 6 号和水手 7 号探测器。前者于 2 月 24 日发射升空，7 月 31 日在距火星 3 400 千米处掠过；

后者于 3 月 27 日发射升空，8 月 5 日在距离火星 3 430 千米处掠过。这两枚探测器携带着先进的仪器和通信设备，对火星大气成分进行了分析，并传回 201 张火星照片。照片显示，火星上有很多陨击坑，那里没有运河也没有水，表面一片荒芜。

3. 水手8号和水手9号

1971 年，美国向火星发射了两枚探测器，尝试进入火星轨道，环绕它飞行，以获取更多更精确的探测数据。5 月 8 日，水手 8 号发射升空，几分钟后因火箭故障坠入了大西洋。5 月 30 日，水手 9 号发射升空，经过近半年的飞行，于 1971 年 11 月 13 日进入环绕火星轨道。为了能持续飞行，水手 9 号携带了数百千克燃料。它距离火星的最近距离是 1 390 千米，最远距离是 17 920 千米，环绕火星运行一圈的时间是 12 小时 34 分钟。这是人类送往火星的第一颗人造火星卫星。1972 年 10 月 27 日，水手 9 号的燃料耗尽了，坠毁在火星表面，光荣地完成了自己的科学使命。

水手 9 号飞向火星途中拍摄的火星
（图源：NASA）

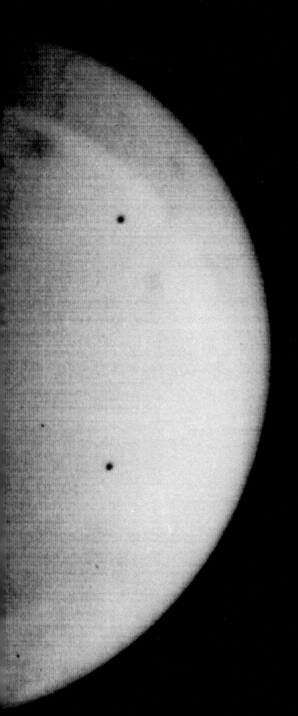

　　水手9号风尘仆仆抵达火星时，火星上正好发生了席卷全球的沙尘暴。科学家向它发出指令，等沙尘暴平息后再开始探测工作。结果，这一等差不多就是一个月。后来，它传回了5 000多万份数据和7 329张照片。那些数据帮科学家对火星大气的成分、密度、压力和温度以及行星重力情况有了更精确的了解，那些照片涵盖了整个火星表面，展现了河床、陨击坑、巨大的火山（如奥林波斯山）和峡谷（如以它的名字命名的水手谷）以及风与水的侵蚀遗迹等。水手9号还对火星的两颗卫星进行了探测，它的出色工作为后来的海盗计划打下了坚实的基础。

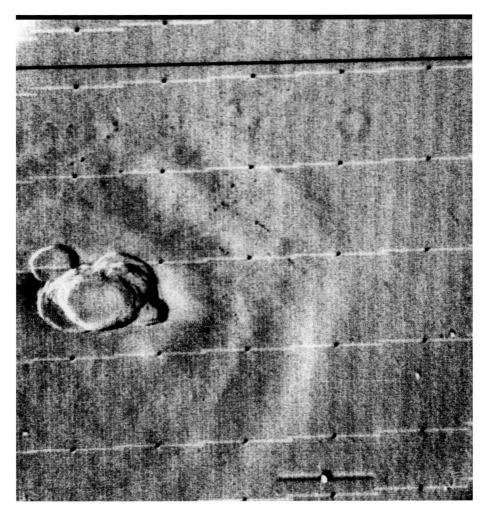

水手9号在环绕火星轨道上拍摄的奥林波斯山（图源：NASA）

4. 苏联20世纪70年代的探测器

苏联在1971年向火星发射了3枚探测器。第一枚在5月10日发射，包括一个轨道器和一个着陆器，目标是在火星表面着陆，但实际上它仅仅到达了环绕地球轨道。按照预定计划，探测器应该在环绕地球轨道上停留 1.5 小时，然后重新点火向火星进发。但是，由于工作失误，计时器被设定成要等上 1.5 年才向火箭发出点火指令。结果，整个探测计划都被打乱了，探测器只能孤零零地飘荡着，最后报废了……

火星 2 号和火星 3 号探测器是苏联在 1971 年发射的另外两枚火星探测器。它们俩的设计与失败的先行者几乎完全相同，都是由一个环绕火星的轨道器和一个着陆器组成。1971 年 5 月 19 日和 5 月 28 日，两枚探测器先后发射升空。火星 2 号于 11 月 27 日成功进入环绕火星轨道，并释放了着陆器。但是，着陆器的降落伞没能正常打开，它一头撞向火星表面，坠毁了。虽然有点悲惨，但火星 2 号毕竟是有史以来第一个成功抵达火星表面的人造物。这一点还是值得铭记的。12 月 3 日，火星 3 号成功进入环绕火星轨道，并释放了着陆器。这个着陆器成功地在火星表面软着陆。尽管它在火星上仅仅工作了约 20 秒，甚至没能发回一张完整的照片就永远与地球失去了通信联系，但这次软着陆还是一次空前的成功。

1973 年，苏联向火星连续发射了 4 枚探测器，但都没有完成预定的探测任务。火星 4 号没能成功进入环绕火星轨道；火星 5 号在进入环绕火星轨道几天后就失联了；火星 6 号的着陆器成功进入了火星大气层并打开了降落伞，但之后就"石沉大海"；而火星 7 号的着陆器在浩瀚的宇宙中"迷失"了方向。这

4 枚探测器，前仆后继，不
远亿万里，飞向那闪闪烁烁
的红色星球。虽然有点像飞
蛾扑火，但只要火星的光芒
还在闪耀，人类探索的雄心
就不会熄灭。

5. 海盗号探测计划

美国国家航空航天局的
海盗号探测计划是史上最成
功的火星探测计划之一。它
共有两个探测器，每个探测
器均由两部分组成——一个
轨道器和一个着陆器。

海盗 1 号 于 1975 年 8
月 20 日发射升空，轨道器
于 1976 年 6 月 19 日进入环
绕火星轨道，着陆器于 1976
年 7 月 20 日在火星表面克律
塞平原成功着陆。海盗 2 号
于 1975 年 9 月 9 日发射升空，

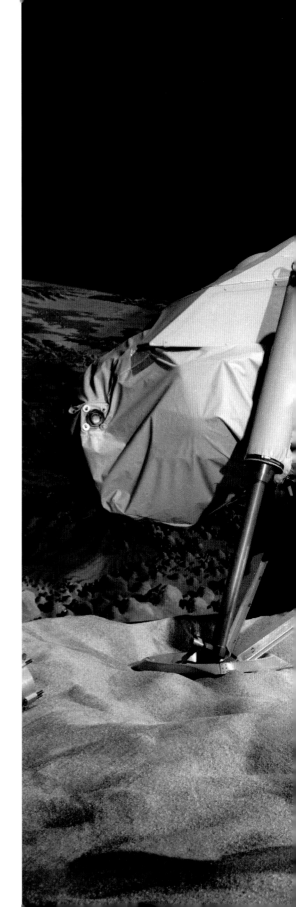

海盗 1 号着陆器模型（图源：NASA）

轨道器于 1976 年 8 月 7 日进入环绕火星轨道，着陆器于 1976 年 9 月 3 日在火星表面乌托邦平原成功着陆。海盗 1 号成为第一枚在火星上着陆，并且成功向地球发回照片的探测器。它的轨道器在环绕火星轨道上一直工作到 1980 年 8 月 7 日，而着陆器表现更优秀，因为以核能作为电力来源，在火星表面正常工作了 6 年多，直到 1982 年 11 月 11 日，才因为指令错误失去了通信联系。

历史上第一张在火星表面拍摄的照片（图源：NASA）

海盗 1 号着陆器拍摄的第一组全景图（图源：NASA）

海盗 1 号着陆器拍摄的第一张彩色照片（图源：NASA）

　　海盗 1 号轨道器拍到了一张著名的照片。这处火星地貌酷似一张人脸。因为"人脸"所在的区域还有一些类似金字塔的结构，因此，有些人就放飞想象力，认为这是火星曾经存在生命的证据。实际上，这张"人脸"只是光线和阴影造成的错觉。后来，多个探测器对这块区域进行了观测，拍摄到了一些更清晰的照片，证实"人脸"只是火星上无数山丘中普普通通的一座。

　　海盗 2 号的轨道器在环绕火星轨道上一直工作到 1978 年 7 月 25 日，而它的着陆器没有海盗 1 号的着陆器那么"健康长寿"，

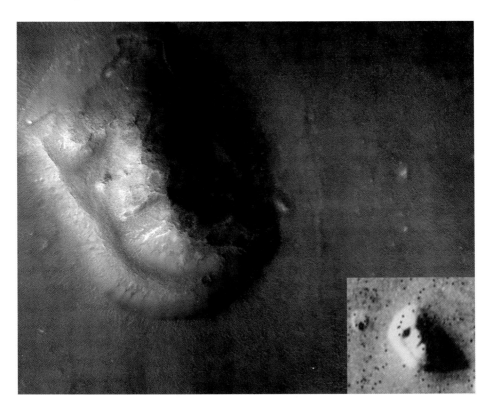

火星"人脸"的真相（图源：NASA）

这是用 100 多张海盗 1 号轨道器拍摄的照片组合成的火星特写（图源：NASA）

在火星表面正常工作了 3 年多后，1980 年 4 月 11 日，由于电池故障，通信联系中断了。两个海盗号火星探测器总共向地球发回了 5 万多张高清晰度照片。在近 30 年的时间里，海盗 1 号着陆器都保持着在火星表面活动时间最长的纪录。直到 2010 年 5 月 19 日，机遇号的火星任务日达到了 2 246 个，这才终于打破了海盗 1 号着陆器 2 245 个火星任务日的纪录。

两枚海盗号的探测结果表明，火星是一个荒凉的世界。它的表面也有陨击坑，但数量比月球表面要少得多。火星表面还有大峡谷、山脉以及蜿蜒曲折、酷似河床的地貌。火星的大气极其稀薄，星球表面的大气压相当于地球上海拔 3 万米高处的大气压。而且，探测器没有发现火星上有液态水。

海盗号着陆器的主要科学目标是寻找火星上的生物迹象，研究火星气象、地震情况和磁场。它们进行的生物探测实验表明，火星上没有微生物存在的迹象。同时，海盗号的探测数据表明，在过去遥远的地质年代中，火星表面的大气压比现在高得多，表面温度也比现今高，很可能有大量的液态水存在，甚至有广阔的海洋。

6. 平静的20世纪80年代

对于火星探测来说，20 世纪 80 年代是比较平静的，甚至是冷清的。这 10 年中，仅有苏联尝试了两次火星探测活动。火

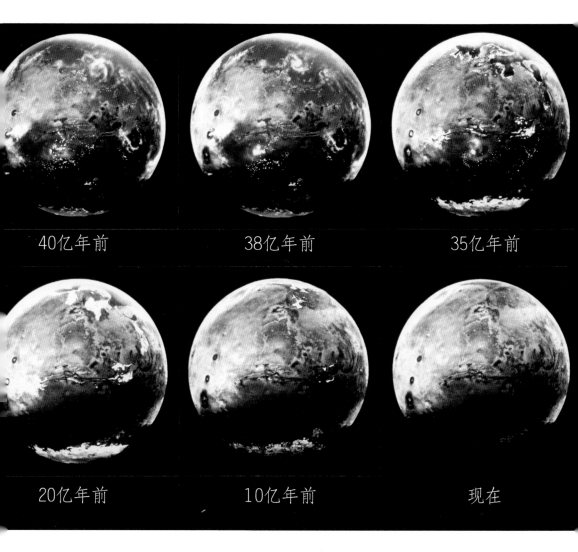

40亿年前　38亿年前　35亿年前

20亿年前　10亿年前　现在

根据海盗号的探测数据制作的火星液态水历史
分布示意图（图源：NASA）

卫一1号和火卫一2号探测器分别于1988年7月7日和1988
年7月12日发射升空。它们的着陆器的目的地不是火星，而是
火卫一。这是继1973年的连续失败后，苏联的又一次尝试。然

而，尽管相隔 15 年之久，这两枚探测器依然没能逃脱失败的厄运。火卫一 1 号在 1988 年 8 月失去联系，消失在太空中。火卫一 2 号在 1989 年 3 月抵达火卫一附近后与地球失去了通信联系，它携带的着陆器也一同石沉大海。

7. 火星观察者号

经过 80 年的沉寂，火星探测活动在 20 世纪 90 年代再次活跃起来。美国的火星观察者号探测器于 1992 年 9 月 25 日发射升空，开始了它前往火星的旅程。本来，各方面的进展看上去都一帆风顺。然而，1993 年 8 月 21 日，在它要点火进入环绕火星轨道的关键时刻，与地球失去了通信联系，美国国家航空航天局只好万般无奈地宣告任务失败。

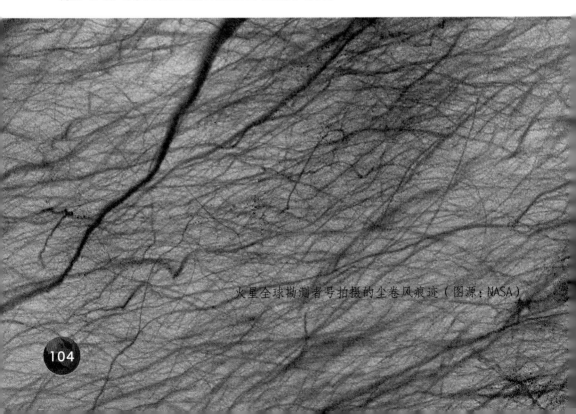

火星全球勘测者号拍摄的尘卷风痕迹（图源：NASA）

8. 火星全球勘测者号

1996年11月7日，美国火星全球勘测者号探测器发射升空，并于1997年9月12日成功进入环绕火星轨道，开始了火星探测工作。它的主要任务包括：拍摄火星表面的清晰图像、研究火星的地貌和重力场、监测火星的天气和气候以及分析火星表面和大气的组成成分等。火星全球勘测者号在轨道上持续工作了近10年，发回大量探测数据，比之前所有火星探测器的数据总和还要多。利用这些图像和数据，科学家有了很多很重要的新发现：火星表面有盆地和丘陵，有大规模沙尘暴，火星地壳有更为广泛的分层现象，火星上有海洋的遗迹，火星北半球地表平整而其他区域大多是古老的高原……这些探测成果使它成

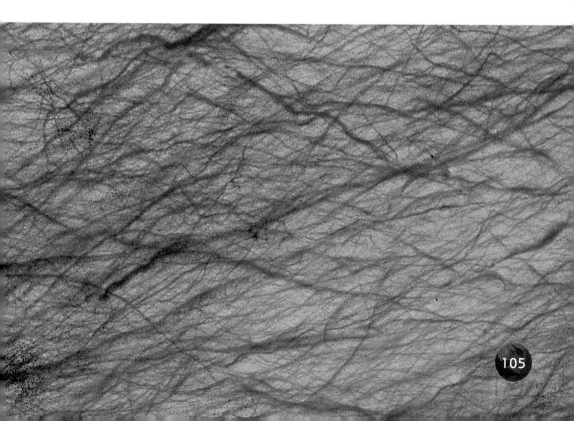

火星全球勘测者号飞过奥林波斯山的
艺术设想图（图源：NASA）

为最成功的火星探测器之一。2006 年 11 月 2 日，火星全球勘测者号光荣地完成了它的历史使命。

9. 火星探路者号

1996 年 12 月 4 日，美国火星探路者号发射升空。1997 年 7 月 4 日，它在火星北半球的阿瑞斯峡谷成功着陆。探路者号采用了一种创新的着陆方式，它直接进入火星大气层，打开巨大的降落伞进行减速，同时给庞大的安全气囊系统充气，以缓

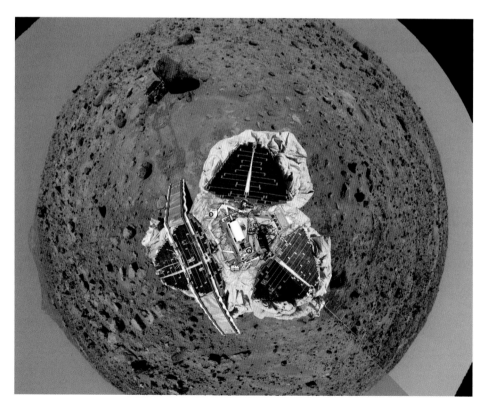

火星探路者号的全景自拍照（图源：NASA）

冲触地时的撞击。这一系列复杂操作要在 4 分半钟内精确完成，这是气囊弹跳式着陆的第一次使用。

火星探路者号携带了一辆名为旅居者号的轮式火星车，这是人类送到火星的第一部火星车（其实就是能自行移动的行星实验室）。旅居者号的重量仅为 10.6 千克，个头只有微波炉那么大。它的速度很慢，每秒钟只能移动 1 厘米。但它可以爬上 15 厘米高的岩石。旅居者号携带了一系列科学仪器，可以用来分析火星的大气、岩石和土壤的成分。经过 83 天的艰苦工作，小小的旅居者号结束了短暂而充实的一生，陷入了永久的沉睡。1997 年 9 月 27，火星探路者号的任务也结束了。

火星探路者号和旅居者号的任务时间都超过了科学家的预期，并取得了非常丰硕的探测成果：发送回 17 000 多张图片和大量数据；进行了十多次火星岩石和土壤的化学分析；观测到低层大气中的水冰云；发现火星上经常刮起尘卷风，它们把大量尘埃输送到了大气层中；着陆点附近有大量鹅卵石，这些圆圆的石头都是流水长期冲刷形成的；火星大气中的尘埃主要成分是赤铁矿，这种矿物质是在活跃的水循环环境中形成的等。大量探测成果证明，火星曾经温暖湿润，存在液态水，大气密度更高。

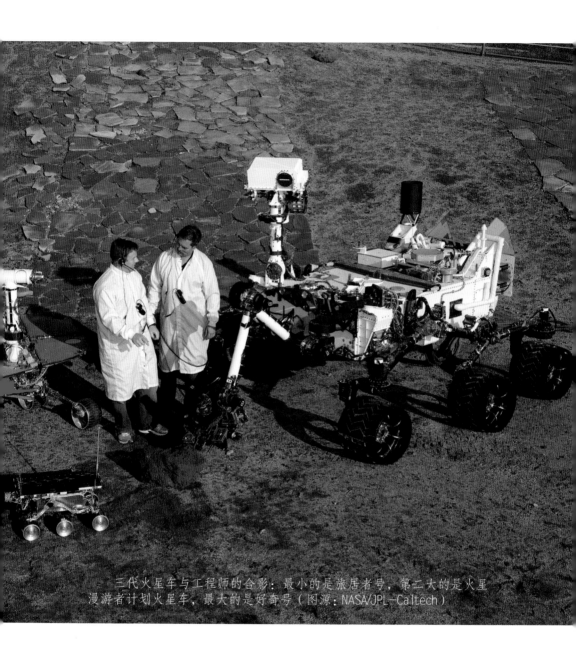

三代火星车与工程师的合影：最小的是旅居者号，第二大的是火星漫游者计划火星车，最大的是好奇号（图源：NASA/JPL-Caltech）

总体来说，火星探路者号取得了巨大成功，它不负众望，名副其实，为后续的火星探测器开拓出了畅通的道路。

从探路者号上眺望旅居者号（图源：NASA）

10. 火星 96 号

1996 年 1 月 16 日，俄罗斯发射了火星 96 号探测器。进入环绕地球轨道后，火星 96 号没能成功点火进入前往火星的轨道。不久后，它坠入了太平洋……

随后的 1998 年和 1999 年，是火星探测史上令人失望的两年。日本的希望号探测器、美国的火星气候探测器、火星极地着陆者和深空 2 号等探测任务都遭遇了失败。虽然过程中有曲折挫败，虽然结局稍显黯淡，但人类在 20 世纪进行的火星探测行动，是人类科学史上辉煌灿烂的篇章，这一点是毋庸置疑的。科学家们积累了大量数据和经验，所以，他们以前所未有的信心和雄心，描绘出 21 世纪的火星探索蓝图，继续向火星进发！

火星探索艺术设想图（图源：NASA）

突飞猛进的21世纪

1. 奥德赛号

2001 年 3 月 7 日，美国的奥德赛号火星探测器成功发射，并于 2001 年 10 月 24 日抵达环绕火星轨道，开始了漫长的火星探测工作。直到今天，奥德赛号仍在任劳任怨地坚持工作，是探测器里名副其实的"老劳动模范"。

这些年来，奥德赛号的探测成果不胜枚举：找到了火星南北极的水冰以及其他混合物；利用携带的相机系统对火星进行了全球观测；对火星的矿物分布进行了统计分析，绘制了火星全球矿物分布图；研究了火星的辐射环境等。

不仅仅是认真的观察者和探索者，奥德赛号同时也是一位勤劳的"邮递员"——它一直充当着地面控制中心和其他火星探测器之间的主要通信中转站。其他火星探测器获取的影像、图片等数据资料有一大半都是由奥德赛号转发回地球的。此外，奥德赛号还帮助后来的勇气号、机遇号和好奇号等火星车以及凤凰号探测器确定了着陆点。

2. 火星快车

火星快车是欧洲航天局的第一枚火星探测器。2003 年 6 月 2 日，它携带着小猎犬 2 号着陆器发射升空，并于 2003 年 12 月 25 日成功到达环绕火星轨道。小猎犬 2 号在抵达火星表面后与

奥德赛号在扫描火星（图源：NASA）

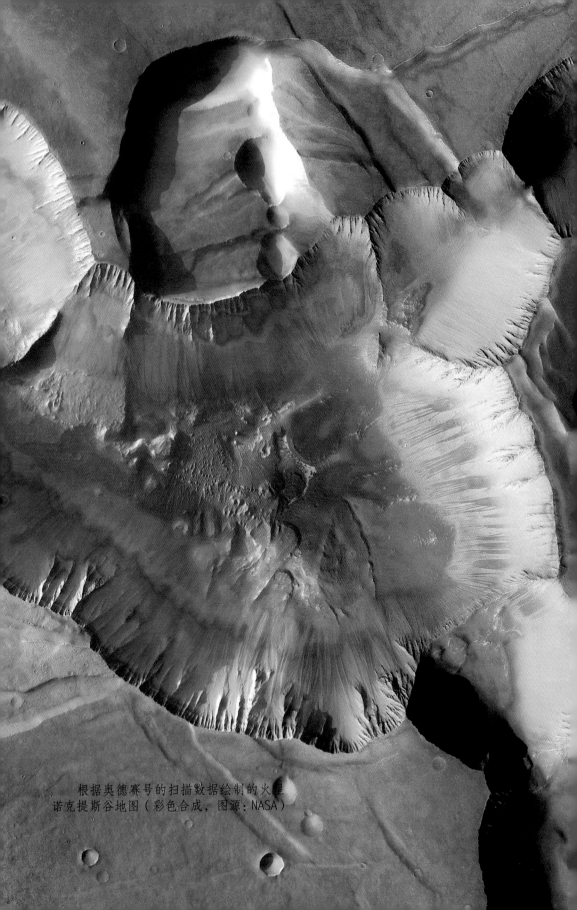

根据奥德赛号的扫描数据绘制的火星诺克提斯谷地图（彩色合成，图源：NASA）

地球失去了联系，好在火星快车到目前为止仍在轨道上正常工作。火星快车拍摄了大量火星表面照片，它最大的贡献就是在火星大气中发现了甲烷，这说明在火星上有产生甲烷的来源存在，而那个来源很可能是微生物！

火星快车（图源：NASA）

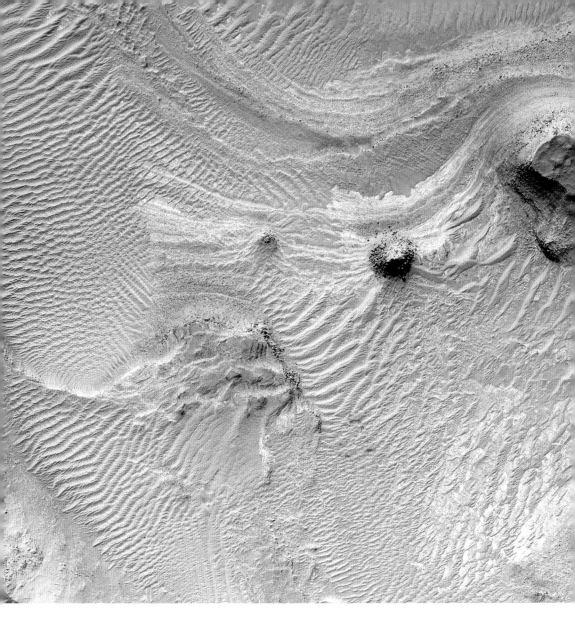

在尼力盆地的层状基岩中，火星快车发现了大量在有水环境下形成的矿物沉积（彩色合成，图源：NASA）

🪐 3. 火星漫游者计划

2003 年，美国实施火星漫游者计划，先后将勇气号和机遇号两辆火星车送往火星。

　　勇气号于 2003 年 6 月 10 日发射升空，2004 年 1 月 4 日在火星南半球的古谢夫陨击坑成功着陆。这个陨击坑很大，直径约 163 千米，表面布满沉积物，科学家推测这里可能有古代湖泊的遗迹。勇气号的设计使用寿命只有 3 个月的任务时间。但它一直孜孜不倦地工作着，直到 2010 年 3 月 22 日与地面失去联系。

勇气号和机遇号的名字都是索菲·柯林斯起的，当时她还在上小学（图源：NASA）

　　勇气号的孪生兄弟机遇号于 2003 年 7 月 7 日发射升空，2004 年 1 月 25 日在火星子午高原成功着陆。机遇号的设计使用寿命也是 3 个月的任务时间。不过，机遇号遇到了超长好运，直到 2018 年 6 月 10 日，火星上刮起了遮天蔽日的沙尘暴，才导致它和地球失去了联系。

火星漫游者计划火星车的艺术设想图（图源：NASA）

机遇号拍摄的火星地表细节图片，这些圆球形矿物结核是火星远古水环境的证据（图源：NASA）

这对双胞胎火星车的主要任务都是在火星上找寻水的痕迹。因为降落地点不同，两辆火星车搜集到了不同的数据。机遇号火星车不辱使命，进入一个远古湖泊底部，这里有大量的含水矿物质。通过对矿物质样本的精密分析，机遇号火星车获得了

一项重大发现 —— 火星远古时期更加温暖潮湿，而不是现在这种灰尘漫天的寒冷沙漠状态。此外，机遇号火星车还探索了其他 4 个陨击坑。它获取的数据提供了更多关于远古火星存在水资源的重要线索。

罗塞塔号飞向彗星 67P
（图源：NASA）

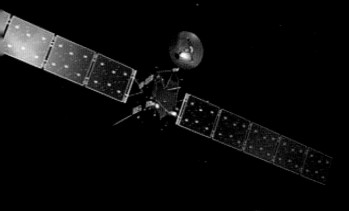

4. 罗塞塔号彗星探测器

2004 年 3 月 2 日，欧洲航天局发射了罗塞塔号彗星探测器。它的主要任务有两个：第一，为破解 46 亿年前太阳系的诞生之谜提供线索；第二，生命出现时必须有水分和有机物质，彗星能为地球带来这些吗？罗塞塔号要找到答案。经过长达 10 年的太空追逐，罗塞塔号于 2014 年 8 月 6 日抵达探测目标——代号为 67P 的彗星，并伴随它绕太阳飞行。同年 11 月 13 日，罗塞塔号释放的菲莱号着陆器在 67P 彗星上成功着陆，创造了科学史上的又一个"第一次"。

看起来，罗塞塔号似乎跟火星探索无关，其实不是这样的。2007 年 2 月 25 日，罗塞塔号飞近火星，利用火星引力调整了飞行速度和轨道。近距离掠过火星时，罗塞塔号对火星展开了约 20 小时的探测。它携带的照相机和光谱分析仪收集了火星大气、火星表面以及火星化学成分的数据。

5. 火星勘测轨道飞行器

美国国家航空航天局的火星勘测轨道飞行器于 2005 年 8 月 12 日发射升空，奔赴火星，并于 2006 年 3 月 12 日进入环绕火

火星勘测轨道飞行器用雷达扫描火星（图源：NASA）

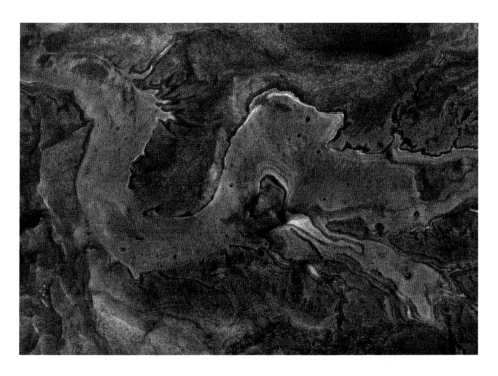

火星上有龙？不，这是火星勘测轨道飞行器拍摄的火星峡谷
（图源：NASA/JPL-Caltech/University of Arizona）

星轨道。火星勘测轨道飞行器的主要任务是以水为核心，对火星进行全面细致的探测，探究火星气候变化和地质变迁的历史，并探索未来利用的可行性。火星勘测轨道飞行器配备了当时最大最先进的太空相机，能分辨出餐桌大小的物体。它还有更快的电脑以及更大的天线和太阳能电池板。这样，它就能帮后续的火星探测任务选择合适的着陆地点，并提供高速通信传递服务。可以这样说，火星勘测轨道飞行器既是"侦察兵"也是"通信兵"。它至今依然坚守在岗位上。

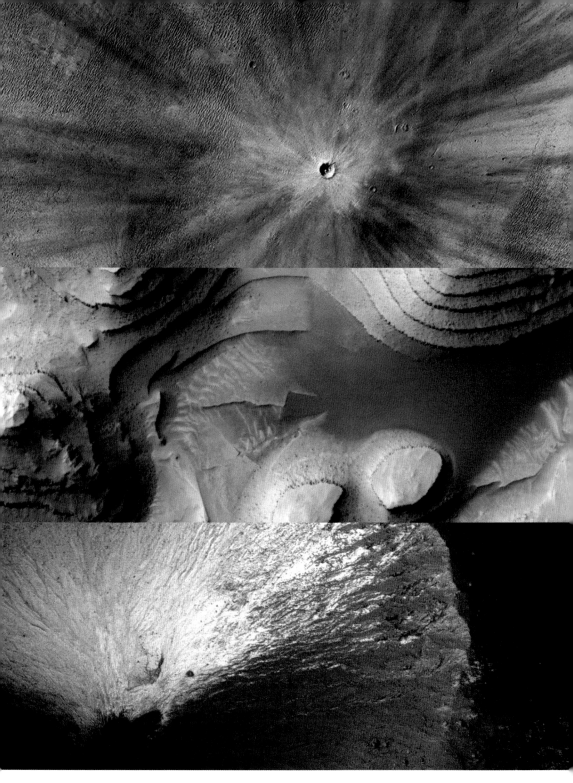

火星勘测轨道飞行器拍摄的火星地表（彩色合成，图源：NASA/JPL-Caltech/University of Arizona）

凤凰号在着陆（图源：NASA）

6. 凤凰号

　　美国国家航空航天局的凤凰号探测器在 2007 年 8 月 4 日启
程奔赴火星，在经历 9 个月、长达 6.75 亿千米的漫长旅程之后，
于 2008 年 5 月 25 日成功登陆火星北极。凤凰号着陆时采用了
反推着陆腿式。它在进入火星大气层后，依靠与大气的摩擦并
释放降落伞来了一次大减速，时速从 2 万千米骤降到 8 千米。
快接近火星表面时，再通过推进器点火制动进一步减速，最终
稳稳着陆。

凤凰号由铝和钛两种材料制成，设计很独特，有两块大大的太阳能板，看上去真的有点像一只大凤凰。可惜它不能移动，而是由三条腿支撑。凤凰号的机械臂长约 6 米，工作起来像一台反铲挖土机，一铲下去能在火星地表挖出一道约 50 厘米深的探沟，然后旋转探铲就能将土壤样本取出。

凤凰号工作示意图（图源：NASA）

在一个火星的清晨，凤凰号上的相机拍下了它留下的铲痕，从图中可以看到白色的霜（图源：NASA）

凤凰号的主要任务是寻找火星土壤中可能存在的生命迹象。作为唯一在火星北极着陆的探测器，凤凰号证实了那里的土壤中的确有水存在。为了利用有限的能源完成更多探测任务，地面控制中心的科学家把凤凰号上的加热器逐个关闭了。最终，火星北半球的冬季来了，气温越来越低，阳光越来越少，凤凰号渐渐"冻僵"了。2008 年 11 月 2 日，这只美丽的"大鸟"永远与地球失去了联系。

7. 福布斯-土壤号

2011年11月8日，俄罗斯的福布斯-土壤号采样返回探测器发射升空，它的主要目标是从火卫一采集土壤样本运回地球。

福布斯-土壤号可不是孤身探险，它还搭载着一个重要的"小伙伴"，那就是中国火星探测计划的第一枚探测器——萤火1号。

好奇号拍摄的火星沙丘（图源：NASA/JPL-Caltech/MSSS）

遗憾的是，福布斯-土壤号发射数小时后，一个不幸的消息传来，探测器的主动推进装置没能按计划点火，所以没能进入飞往火星的预定轨道。不过，科学家们没有轻言放弃，在接下来的几天里，他们发送指令，试图把福布斯-土壤号抢救回来，可惜最终没有成功。几个月后，福布斯-土壤号在大气层中焚毁，残骸碎片坠落进了太平洋。

萤火 1 号算是探测器中的"小不点",重约 110 千克,体积不足 1 立方米。别看它个头小,携带的仪器可不少,多达 8 个。萤火 1 号的主要探测任务有 3 个:探测火星的空间环境,研究火星表面水消失的原因,揭示类地行星的空间环境演化特征。虽然"出师未捷身先死",但作为中国的第一枚火星探测器,我们将永远记住这位"小个子勇士"。

8. 好奇号

好奇号是美国国家航空航天局研制的第 7 个火星着陆器、第 4 辆火星车,也是历史上第一辆采用核动力驱动的火星车。好奇号的使命是探寻火星上的生命元素。它于 2011 年 11 月 26 日发射,2012 年 8 月 6 日在火星盖尔陨击坑成功着陆。

好奇号的着陆方式首次采用了最为复杂的空中起重机式。

这种着陆方式难度高、风险大，但能够精确定位。空中起重机和好奇号组合体进入这颗红色行星的大气层后，先进行大气摩擦减速和降落伞减速。随后，空中起重机开启8台反冲推进发动机，进入有动力的缓慢下降阶段。当反冲推进发动机将组合体的速度降至大约0.75米/秒之后，几根缆绳将好奇号从空中起重机中吊出，悬挂在下方。下降到安全高度时，缆绳会自动

好奇号着陆示意图（图源：NASA）

断开，好奇号就这样平稳着陆了。随后，空中起重机在距离好奇号一定安全距离范围内着陆。

好奇号的主要任务包括：探测火星气候及地质，探测盖尔陨击坑内的环境是否曾经能够支持生命的存在，探测火星上的

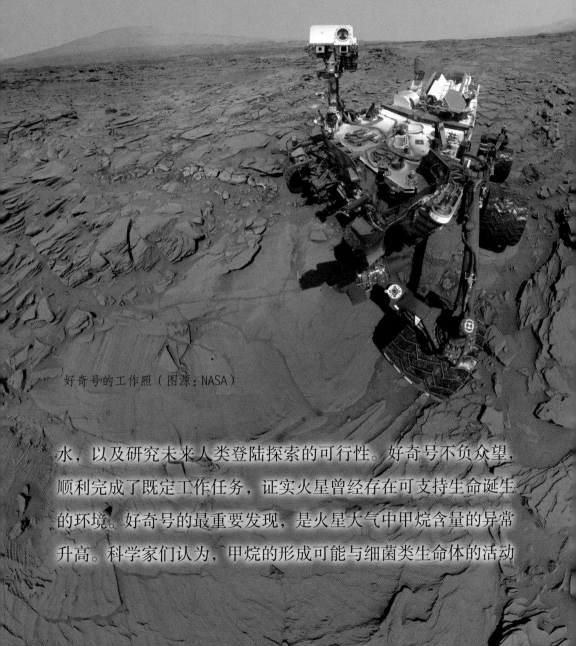

好奇号的工作照（图源：NASA）

水，以及研究未来人类登陆探索的可行性。好奇号不负众望，顺利完成了既定工作任务，证实火星曾经存在可支持生命诞生的环境。好奇号的最重要发现，是火星大气中甲烷含量的异常升高。科学家们认为，甲烷的形成可能与细菌类生命体的活动

有关——如果被证实，那么，这将是证明火星上有生命迹象的有力证据。

9. 曼加里安号

"曼加里安"是"火星之船"的意思，它是印度的第一枚火星探测器。曼加里安号于 2013 年 11 月 5 日发射，2014 年 9 月 14 日成功抵达环绕火星轨道。这次任务的成功使印度成为亚洲第一个实现火星探测的国家。

值得一提的是，印度的首次火星探测就取得了成功，而苏联、美国和欧洲宇航局都没能做到这一点。曼加里安号重约 1.35 吨，大小跟一台冰箱差不多，携带了 5 件仪器，主要任务是对火星表面、天气和矿藏等进行探测。它的成本只有 7 000 多万美元，比一部好莱坞科幻电影的成本还低。

10. MAVEN

MAVEN 的中文全称是"火星大气与挥发物演化探测器"。美国国家航空航天局设计制造的这个探测器于 2013 年 11 月 18 日顺利升空，踏上了 10 个月的飞往火星之旅。2014 年 9 月 21 日，MAVEN 进入环绕火星轨道。它的主要任务是破解火星大气和水的失踪之谜。MAVEN 的研究结果表明，太阳风很可能是导致火星大气逃逸的主要原因。

MAVEN 火星探测器（图源：NASA）

11. ExoMars 2016

　　ExoMars 2016 的中文全称是"2016 火星生命探测计划"，由欧洲航天局和俄罗斯航天局联合推出，于 2016 年 3 月 14 日发射升空。这次任务的探测器包括微量气体轨道器和斯基亚帕雷利号着陆器。前者用于对火星大气中含量小于 1% 的微量气体进行精

密测量，尤其是与活跃的生物或地质活动有关的气体。而斯基亚帕雷利号其实就是替未来的火星车测试着陆技术的，只要能在火星安全着陆，任务就算成功了。可惜的是，它在2016年10月19日着陆时坠毁了。而微量气体轨道器至今一直正常工作，它提供的数据证明，火星曾经拥有大量水，但后来大部分都流失了。

12. 洞察号

2018年5月5日，美国国家航空航天局的洞察号火星探测器发射升空。同年11月26日，洞察号在火星埃律西昂平原离赤道很近的地点成功着陆。洞察号任重道远，它要执行人类首次探究火星"内心深处奥秘"的任务，科学家希望通过它来了解火星内核大小、成分、物理状态和地质构造，此外还要研究火星的内部温度、地震活动等情况。2019年2月19日起，根据洞察号提供的数据，美国国家航空航天局开始在互联网上发布火星每日天气报告，提供火星气温、风速、气压等信息。人们期待着洞察号能够传送回更多有关火星的科学信息。

2021年3月，研究团队宣布，洞察号已经测量了500多次火星地震。通过结合不同时间、多方向的地震波测量结果，他们计算出火星核心的半径约为1 810至1 860千米，差不多是地球地核的一半。研究人员表示，与之前的预测相比，火星的核心半径更大，密度偏低，可能含有更多较轻的元素——如氧元素。

　　虽然人类已向火星发射了多枚探测器，也对火星有了很全面的了解，但是，仍然有很多未解之谜等待破解。人类未来的目标是让宇航员登陆火星，建立火星基地，甚至移民火星。相信随着科技的发展，这一天终将到来……

洞察号的终极目标是了解类地行星的形成过程（图源：NASA）

复习与思考

1. 第一个成功在火星着陆的探测器是哪个?

2. 第一个成功从火星表面发回照片的探测器是哪个?

3. 人类送到火星的第一辆火星车叫什么名字?

4. 火星探路者号是以什么方式在火星着陆的?

5. 火星漫游者计划的两辆火星车分别叫什么名字?

6. 凤凰号是以什么方式在火星着陆的?

7. 中国的第一枚火星探测器叫什么名字?

8. 历史上的第一辆核动力火星车叫什么名字?

9. 好奇号是以什么方式在火星着陆的?

10. 哪个探测器正在火星上探索它"内心深处的奥秘"?

第四章
火星地理与环境

机遇号停留在维多利亚陨击坑边缘的示意图（图源：NASA）

从最高的山巅到最大最深的峡谷
——火星地理

经过几十年艰苦卓绝的努力，众多探测器成功对火星进行了探测，人类对火星地理和环境有了大致了解，本章将根据近几十年的探测结果，对火星地理和火星环境做简要总结。

火星基本上是一颗沙漠行星，地表沙丘砾石遍布，并且与地球一样，拥有多种多样的地形地貌——高山、平原、高原和峡谷等。火星南北半球的地形有着很大的不同，北半球基本上是被熔岩填充的平原，南半球则是布满陨击坑的古老高地。

火星上引人注目的地形特征主要集中在赤道两侧大约30°之内的区域：有数千条干涸河床（长度从几百千米到几千千米、宽度可达几十千米）；有主要的火山活动中心——塔尔西斯地区；还有庞大的峡谷系统——水手谷等。火星的南北两极则有以干冰和水冰为主要成分的极冠。延绵不绝的风成沙丘广泛分布在整颗星球。随着探测器拍摄的清晰照片越来越多，科学家发现的耐人寻味的地形景观也层出不穷。

陨星碰撞、风力、火山活动等是塑造火星地貌的主要力量。数十亿年前，火星还是一颗年轻的星球，它的内部运动塑造出了今天在火星表面上所能见到的大尺度地貌。内部作用力在地

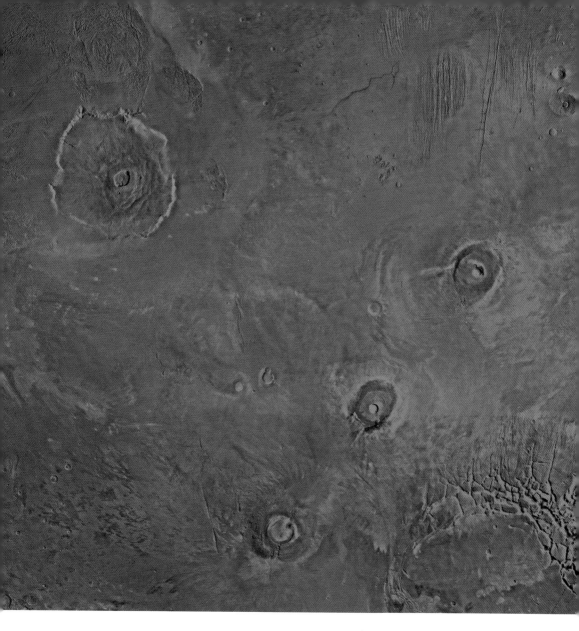

塔尔西斯地区和水手谷东端（图源：NASA）

表造就了塔尔西斯这样的隆起区域，并将地表拉扯撕裂，产生了庞大的水手谷等裂谷。随后，滑坡、风力以及水流持续改造着地貌。火山活动最早发生在数十亿年前，并持续了相当长时

来自火星的问候！其实，这是火星上的一个陨击坑（图源：NASA）

间。如今虽然不再有火山活动，但过去的熔岩喷发塑造了许多高大的火山，其中就包括太阳系已知的最大火山——奥林波斯山。而火星上密密麻麻的陨击坑则是陨星撞击的结果，它们主要分布在南半球，那里的地质年龄要比北半球更加古老。火星上的陨击坑比月球上的更加平坦，而且有风蚀和水蚀的痕迹，这说明它们形成的年代非常久远。

接下来，我们就去了解一些火星地理热点。

1. 奥林波斯山

奥林波斯山底部宽、坡度小且表面平坦，从太空中看就像是一面盾牌盖在地上。这样的火山被称为盾形火山。它从山顶到山脚的高度差大约是 22 千米，体积比地球上的任何一座盾形火山都大几十倍。科学家推算，奥林波斯山大约形成于 1.5 亿年前，相对于火星 40 多亿年的历史，它可能是火星上最年轻的盾形火山了。在奥林波斯山高高的山顶，有一个结构复杂的喷口，喷口底部不同的区域对应着不同的活跃期。最为庞大的中央区域被环状断层勾勒出来。需要说明的是，塔尔西斯地区的火山星罗棋布，奥林波斯山只是因为高度和规模而最为引人注目。

火星的地貌形态与地球类似，不过尺度要比地球上的大很多。火星的最高点奥林波斯山顶端到最低点希腊平原底部之间的垂直落差大约是 30 千米，相比之下，地球的最高点珠穆朗玛

峰和最低点马里亚纳海沟之间的垂直落差只有近20千米。同时，火星的赤道半径只有地球的53%，体积仅为地球的15%。所以，火星整体上比地球"粗糙"得多。

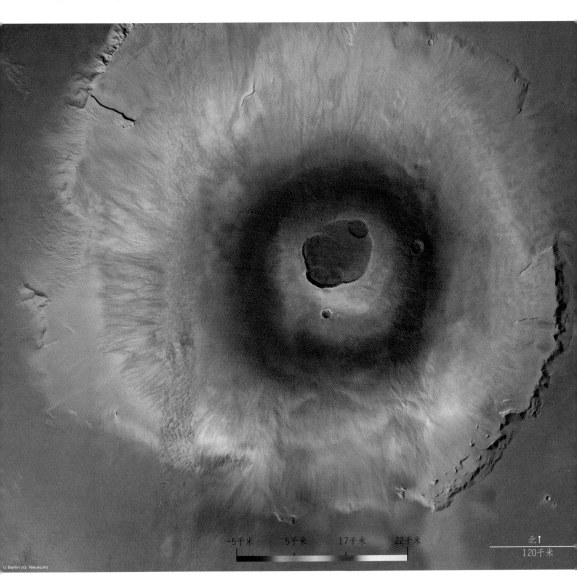

奥林波斯山高度示意图（图源：ESA/DLR/FU Berlin）

上面的 3 张示意图显示了火星表面相对高度、重力和外壳厚度的差异程度，颜色差别越明显，差异程度越大（图源：NASA）

从这张照片看，奥林波斯山有点像火星的"肚脐"（图源：NASA）

2. 水手谷

　　既然说到"粗糙"，接下来就必须介绍火星表面那道深深的"伤疤"了，那就是水手谷。水手谷是火星上最醒目的地貌特征之一，确切地说，它不仅仅是一道峡谷，而是一个长度超过 4 000 千米、宽度可达 700 多千米、平均深度达 8 千米的峡谷系统。水手谷不仅是火星上最大最长的峡谷，也是目前已知的太阳系最大最长的峡谷。相比之下，美国亚利桑那州的科罗拉多大峡谷就相形见绌了，它的长度只有水手谷的 1/10，平均深度只有水手谷的 1/5。

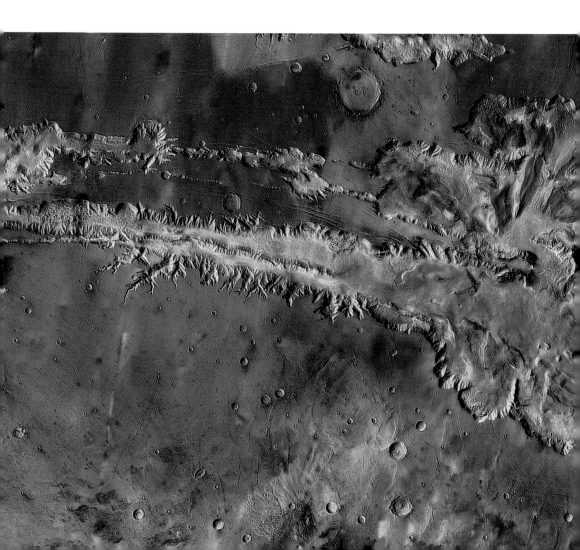

水手谷位于火星赤道以南不远处，呈东西走向。它的东端是一大片形态不规则的混沌地表，西端连接的是诺克提斯堑沟群，那是一片大致呈三角形的区域，交错的裂谷组成了迷宫一般的地貌。

水手谷的起源要追溯到几十亿年之前，当时火星外壳断层的产生过程塑造了峡谷，这与主要由水蚀而形成的科罗拉多大峡谷迥然不同。不过，水和风在水手谷的形成过程中也发挥了

俯瞰水手谷（图源：NASA）

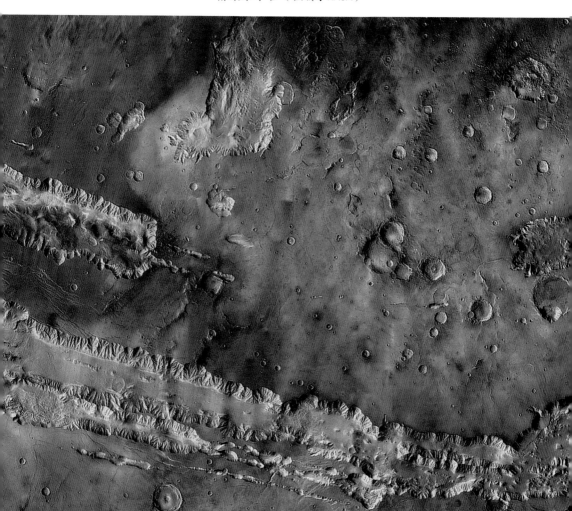

作用，它们的长期侵蚀使峡谷更深更宽了。

　　水手谷的东端有洪水泛滥的确凿痕迹，这里曾经完全浸泡在水中。当洪水退去，地表几乎完全塌陷下去，只剩下凌乱的

水手谷被侵蚀形成的
地貌特征（图源：NASA）

山峰和丘陵。从这里开始，洪水流经一系列河道，最终到达东北方的低地区域——克律塞平原。这一大片区域都普遍存在水蚀特征，水流带走了大量物质。

3. 北极高原

　　在火星的红色表面上，两个明亮的白色极冠十分醒目。大致以北极为中心的那一片区域的正式名称是北极高原，不过科学家通常称它为北极冠。通过天文望远镜，我们从地球上可以很容易地看到火星北极和南极的极冠。现在，有了可以飞越极冠的火星探测器，科学家可以监测那里每日、每季以及更长时期的变化情况。

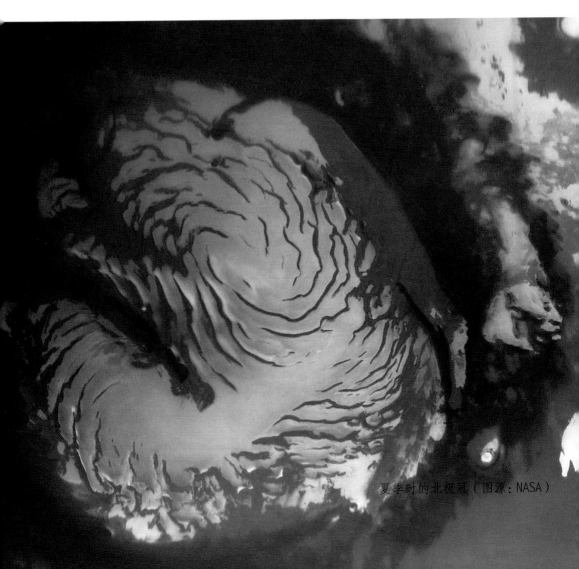

夏季时的北极冠（图源：NASA）

南北极冠干冰分布对比图（图源：NASA）

北极冠是高高的山丘，比周围地区高出数千米。它的主体部分是永久性的水冰冠，部分区域覆盖着二氧化碳干冰沉积层。它的具体形态随火星季节的更替而变化。北极冠大致呈圆形，不过，从太空俯瞰的话，明亮的冰层呈现出显著的松散螺旋结构，南极冠与它类似。

在火星北半球的冬季，整个北极冠有 6 个月左右时间深陷在黑暗中。这时，火星大气中的二氧化碳凝结成了雪和霜，把北极冠和周围一大片区域都覆盖住了。春去夏来，当太阳再次照耀时，热量让二氧化碳挥发，并将部分水冰转化成了水蒸气，北极冠就会收缩，最后只剩下水冰。除了水冰和干冰，北极冠还含有许多层沉积尘埃。它们是在数百万年的时间里形成的，科学家正在努力研究这些沉积层，来揭示火星气候变化的历史。

⚙ 4. 南极高原

南极高原大体可以分成3圈：最内圈是以火星南极点为中心的明亮极冠，这是一片永久性的水冰冠，上面覆盖着二氧化碳干冰；中间圈是主要由水冰构成的陡坡，从极冠向周围的平原延伸；最外圈是环绕在极冠周围的永久冻土，面积达数百平方千米。永久冻土是混合着水冰的土壤，硬度与岩石差不多。

与北极冠类似，南极冠也随着季节变化而消长。不过，让科学家惊讶的是，南极冠在夏季仍旧能保持住二氧化碳干冰覆盖层。科学家推测，这可能是因为沙尘暴遮蔽了太阳光，使南极冠无法变得足够温暖。

或许是由于二氧化碳干冰的长期存在，火星南极高原形成了一种特殊地貌，科学家们形象地称它为"瑞士奶酪"。

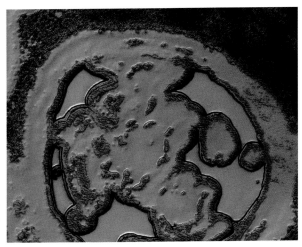

"瑞士奶酪"地貌（图源：NASA）

5. 陨击坑

　　火星表面因为难以计数的陨击坑而显得伤痕累累，它们都是在过去几十亿年里，由于小天体的撞击而形成的。其中，既有直径不到5千米的简单碗状陨击坑，也有直径达数百千米的盆地状陨击坑。科学家已经为其中的大约1 000座陨击坑起了名字。最古老的陨击坑位于火星南半球，经过长期侵蚀，它们

火星上的一个陨击坑（图源：NASA）

的底部被填充，边缘也不那么清晰了。有些大陨击坑里还有更年轻的小陨击坑。下面，我们就来认识两个有代表性的陨击坑：

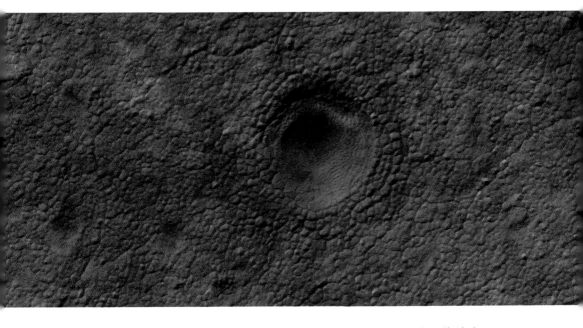

这是一块恐龙皮肤吗？不，这是火星南极高原附近的一块地表，
上面有个陨击坑（图源：NASA）

维多利亚陨击坑

维多利亚陨击坑是一座小型陨击坑，位于火星的子午高原上。它形成于大约1亿年前，直径约800米，相当于美国亚利桑那州巴林杰陨击坑的2/3。维多利亚陨击坑漂亮的扇形边缘已经被风力侵蚀了，因此，它的直径也在逐渐增加。而且，与火星上的许多陨击坑一样，它的底部也覆盖着被风吹来的尘埃堆积形成的沙丘。

从2006年到2008年，机遇号火星车花费了超过一个火星年（差不多2个地球年）的时间对维多利亚陨击坑进行了探索。

它用了一半的时间沿着陨击坑的部分边缘行驶，然后小心翼翼地沿着一个缺口处的斜坡进入内部。在接下来的大约半个火星年里，机遇号火星车沿着维多利亚陨击坑的侧壁进行探索，利用其机械臂上的仪器检测了外露的岩石。最后，机遇号火星车驶离这里，继续在火星表面上跋涉。

维多利亚陨击坑（图源：NASA）

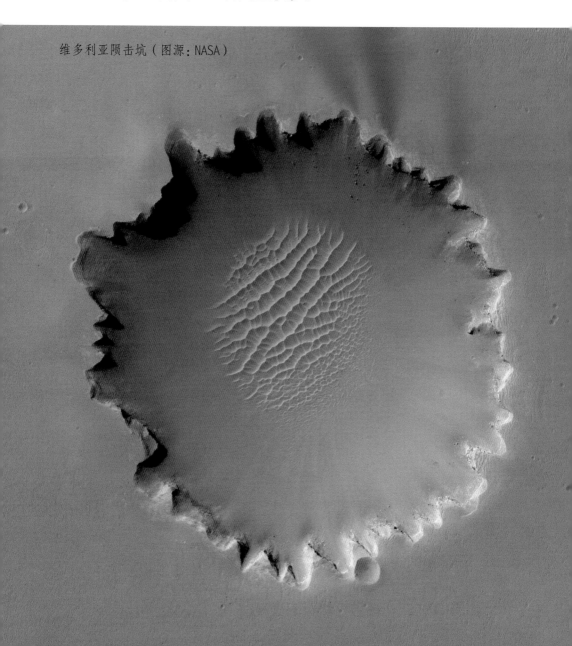

盖尔陨击坑

盖尔陨击坑形成于 30 多亿年前，位于火星赤道以南，邻近埃律西昂平原的低地边缘，直径约为 150 千米。与众不同的是，盖尔陨击坑内部套着一座高约 5 千米的山，科学家给它起名叫夏普山。2012 年 8 月 6 日，好奇号火星车在盖尔陨击坑着陆，对夏普山进行了探测。结果表明，在长达 30 亿年的时间里，盖尔陨击坑可能曾经多次变成湖泊，又多次蒸发干涸。在这样的循环往复中，湖泊沉淀物以及源自陨击坑边缘高地、被水和风带来的沉淀物层层叠加沉积。当沉淀物沉积到一定高度，又遭

盖尔陨击坑。黄圈内是好奇号着陆的位置（图源：NASA）

到风的侵蚀,被"雕刻"成了山的形状。当陨击坑中有水的时候,夏普山可能就变成了岛屿。好奇号火星车的研究还表明,远古火星的气候曾经足以支持在许多地点形成湖泊。而且,它们的存在时间也比科学家以前预计的更长久。

6. 乌托邦平原

乌托邦平原位于火星北半球,是火星上最大的平原。它大体呈圆形,直径约 3 200 千米,形成于约 30 亿年前。从太空俯瞰,这片平原起起伏伏,有很多断裂带和陨击坑,地质结构比较复杂。

海盗 2 号拍摄的乌托邦平原（图源：NASA）

不过，要是换一个视角，从平原地表向四周眺望，就会觉得这里虽然岩石遍布，但地势平坦。1976年9月3日，海盗2号探测器就是在这里着陆的，并拍摄了照片。

2021年5月15日，我国天问一号着陆巡视器在乌托邦平原南部预选着陆区成功着陆，祝融号火星车将在这里开展巡视探测。为什么选择这里呢？一是工程风险更低。乌托邦平原是被火星熔岩填平的低矮平原，地形平缓，陨击坑较少，且地质年龄较轻，地壳较薄。二是科学价值更高。长期以来，人类最关注的是火星上是否存在生命。科学家分析，乌托邦平原在远古时期很可能是海洋，天问一号着陆巡视器的着陆地点在古海洋和古陆地的交界处。最新的科学探测发现，在乌托邦平原距离地面1米到10米的地方，可能储藏着大量地下水冰，储水量相当于地球上面积最大的淡水湖——苏必利尔湖。想知道火星上到底有没有生命吗？乌托邦平原是首选探测点。

7. 子午高原

子午高原位于火星赤道南侧不远处，形成时间超过了35亿年。在火星全球图中，它并不突出。它的知名度很高，因为它是机遇号火星车的着陆点和探测场地。这座高原散布着小型陨击坑，从直径41千米的艾里陨击坑到更小的碗状陨击坑（如机遇号的着陆点直径约为22千米）都有。科学家在子午高原发现

37亿年前的子午高原可能是一片汪洋（图源：NASA）

了火山喷发形成的玄武岩。不过，这里分布最广泛的是远古沉积岩，其中含有赤铁矿。在地球上，赤铁矿几乎都是在液态水中形成的。因此，科学家推测子午高原可能曾经浸泡在水中，在大约37亿年前，它甚至可能是湖泊或海洋。那时火星的气候比现在温暖湿润得多。

159

⬣ 8. 希腊平原

希腊平原虽然名叫"平原"，但它实际上是一个位于火星南半球高地中的巨大撞击盆地。它是火星上最大的陨击坑，也是火星上的最低点。希腊平原直径达 2 300 千米，形成于约 40 亿年前。因为太宽太大了，所以它看上去不是特别像陨击坑，而是像一片辽阔平坦的平原。在过去的 35 亿至 40 亿年中，希腊平原的底部被熔岩所填充，它的地貌被风力、水流以及新近的

这张火星照片右下方的白色大圆斑就是希腊平原（图源：NASA）

陨星撞击所改变。尽管这样，仍旧可以发现一些原始特征。比如，在离陨击坑边缘几百千米的地方还有陨星撞击残留的弧状峭壁。

希腊平原东部的陨击坑。雷达数据显示，这里可能隐藏着冰川（图源：NASA）

从极度稀薄的大气到极度迅疾的风
——火星环境

1. 火星的大气环境

火星的大气密度大约只有地球的 1%，主要成分包括：二氧化碳（95.3%）、氮气（<2%）、氩气（<2%）和微量的氧气及水

被云笼罩的塔尔西斯地区和水手谷（图源：NASA）

这是历史上第一张从火星表面拍摄的火星云照片，由火星探路者号于 1997 年 8 月 1 日拍摄（图源：NASA）

汽。火星表面的平均大气压强不足地球的 1%，在盆地的最深处略高，而在奥林波斯山顶端则更低。不过，这么低的大气压也足以支持风暴的产生。有时，风暴的规模很大，持续时间很长，能整月席卷整颗火星。这时的火星，看上去更加朦胧模糊。火星稀薄的大气层虽然也能制造温室效应，但仅能把表面温度提高 5℃，比金星和地球的温室效应弱得多。

火星大气层中也有云。水冰凝结在尘埃颗粒上，悬浮在大气中，就形成了云。火星上的云大多是局部的，有时会笼罩一大片地区。科学家至今还没有观察到能笼罩整颗火星的云。

2. 火星的四季变化

与双胞胎兄弟地球类似，火星的自转轴也是倾斜的，而且它俩的倾斜角度几乎相同。因此，火星也有四季变化，冬去春回，寒来暑往，南北半球季节相反。不过，正如我们在第一章已经了解到的那样，火星上每个季节的时间都比地球上要长一倍。同时，火星上的每个季节都比地球上同一季节寒冷得多。

另外，由于火星绕太阳公转的椭圆轨道比地球椭圆轨道更

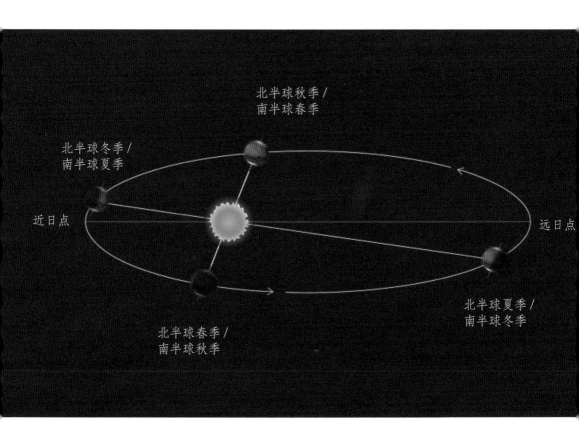

火星四季变化示意图（图源：NASA）

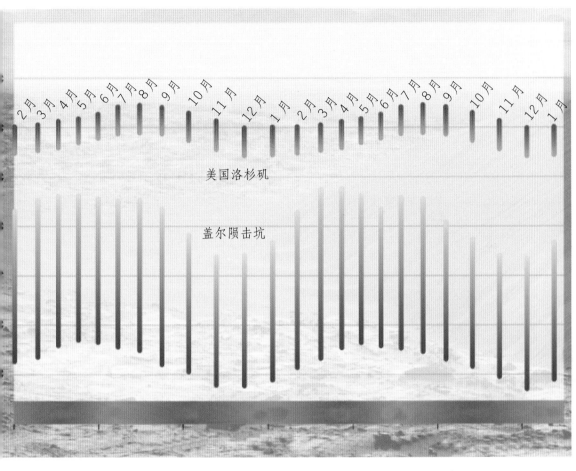

2月 3月 4月 5月 6月 7月 8月 9月 10月 11月 12月 1月 2月 3月 4月 5月 6月 7月 8月 9月 10月 11月 12月 1月

美国洛杉矶

盖尔陨击坑

美国洛杉矶和火星盖尔陨击坑的气温对比示意图（图源：NASA）

扁，这导致火星南北半球的四季差异比地球上更为显著，火星上四季长度的差异也比地球上四季长度的差异更大，例如，火星北半球的春季比秋季长大约 1/3。

看来，火星的"脾气"有点极端，我们应该庆幸自己生活在相对温和的地球上。所以，我们一定要倍加爱护这唯一的家园。

3.火星上的风

在一部科幻影片里，火星上的狂风和沙尘暴导致男主角受伤并滞留在那里好几年，独自生活，苦苦等候救援。那么，火星上真的有风吗？如果有，风速有多大？风其实就是流动的空气，是由于不同地点存在气压差异而产生的大气流动现象。就是说要有风，就必须要有大气和气压差这两个要素。我们已经知道，火星上是有大气的，火星上不同地方的温差能够产生气压差。这样，产生风的两个要素就具备了，所以，火星上是有风的。

风速的大小和温差及气压差的大小有关。火星上向阳面的大气受热上升后，气压就会迅速下降，与背阳面形成压力差。在这种压力差下，背阳面的冷气体就会快速向低压区补充。虽然火星大气非常稀薄，但温差和压力差都非常大。因此，火星上的风速是很大的，最高可达到 180 米 / 秒。这样的风究竟有多大呢？对比一下就知道了——地球上的 12 级台风的风速是32.7 米 / 秒。急速的风、干燥的气候、沙石遍布的地表，这几大因素导致了火星上超级沙尘暴的产生。这类沙尘暴是如此猛烈，整颗火星都会被高达几千米的尘埃笼罩。而且，这种情况有时会持续几个月，直到由于尘埃遮挡阳光，导致温差下降之后才会慢慢减弱停息。

对于人类的探测活动，火星沙尘暴有很大的负面影响。在

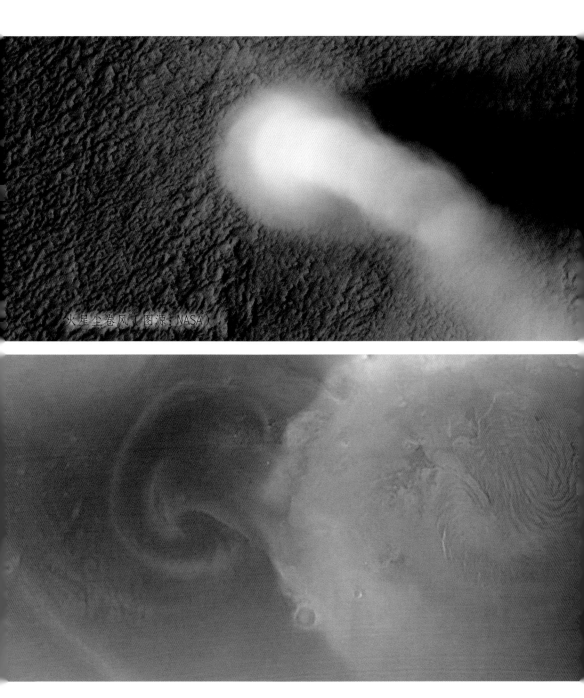

火星尘卷风（图源：NASA）

沙尘暴席卷火星北极地区（图源：NASA）

2007 年的火星沙尘暴中，由于沙尘遮挡了阳光，机遇号火星车的太阳能电池板无法产生足够的电力，导致它工作效率大大降低。而在 2018 年扫荡了整颗火星的沙尘暴中，机遇号火星车遭遇了更悲惨的命运，这次它彻底停止工作了。

火星的沙尘暴这么猛烈，未来宇航员去探险会不会寸步难

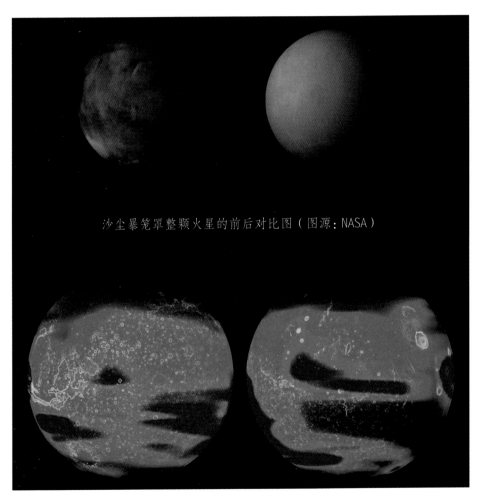

沙尘暴笼罩整颗火星的前后对比图（图源：NASA）

火星沙尘浓度示意图，颜色越红的区域，沙尘浓度越高（图源：NASA）

行？会不会被吹走？科学家预测，不大可能会出现这么严重的后果。这是因为，火星大气的密度非常低。因此，火星上宇航员的感觉不会像在地球上遭遇风暴那么强烈。

4. 火星上的水

水！水！水！

科学家对火星上的水的渴望，像沙漠中的迷路人一样强烈。确定火星上是否有水，自古以来就是火星探索的重要课题。（还记得那些画满"运河"的火星地图吗？）目前的探测研究表明，火星曾经拥有相当活跃的水循环系统。这一结论的证据主要来自火星的地表形态——干涸的古老河床和冲刷痕迹、远古湖泊的遗迹以及符合流水侵蚀的地表特征，甚至还有大规模洪水暴发的痕迹，等等。2020年5月，荷兰、英国和法国科学家组成的国际团队发布论文指出，通过仔细研究火星勘测轨道飞行器发回的高清图片，他们认为火星在37亿年前就有河流，而且这条河流至少持续活跃了10万年。这比地球的河流地质记录更古老。

那么，火星上的水都到哪儿去了呢？多数科学家曾经认为，火星上大部分的水都已经分解成氧原子和氢原子，散逸到太空中去了；少部分渗透到了地表以下。不过，在2021年3月，有科学家根据更新的探测数据提出了恰恰相反的观点。所以，这个问题还需要继续研究。

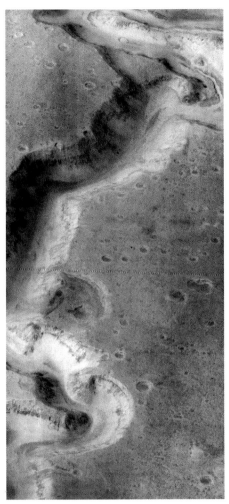

火星上的远古河道（图源：NASA）

2015 年 9 月，美国国家航空航天局宣布，他们发现了在火星表面存在液态水的证据，那就是一些陨击坑坑壁上季节性出现的暗色条纹。这些条纹是由含盐量很高的液态水在温暖的夏季冲刷出来的。等到了更冷的季节，这些液态水又会变成固态冰。

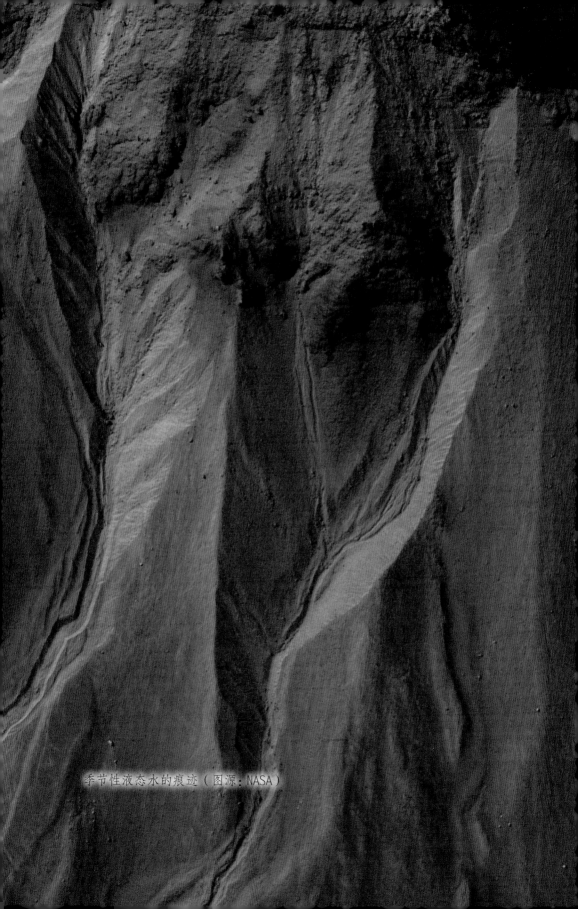
季节性液态水的痕迹（图源：NASA）

2018 年 7 月，欧洲航天局的火星快车团队宣布，他们在火星南极附近的冰层下发现了一个液态水湖！根据探测结果分析，这个湖位于地下 1.5 千米处，面积约为 20 平方千米，深度为 1 米左右。因为这个液态水湖的含盐量非常高，所以在 –70℃的低温下也不会冻结。

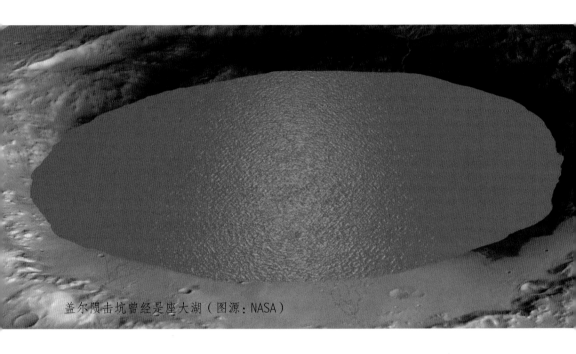
盖尔陨击坑曾经是座大湖（图源：NASA）

2019 年 10 月，美国国家航空航天局宣布，好奇号火星车在盖尔陨击坑内发现了富含矿物盐的沉积物。这表明，盖尔陨击坑内曾经有盐水湖，并进一步证明，气候波动使火星环境从曾经的温润潮湿演化为如今的寒冷干燥。

如果科学家将来能发现更多冰下湖，那就意味着，火星上满足冰下湖泊形成条件的地方不是那么罕见。那些在火星漫长的历史中幸存下来的湖泊里，或许就有适合生命生存的环境。让我们把脑洞开得更大一些，如果这些冰下湖泊是相互联通的，那么火星就可能拥有一个非常庞大的冰下生物圈！它从行星早期一直延续下来，里面的生命形式可能一直在进化！会不会是这样呢？让我们保持好奇心，期待进一步的探索结果吧！或许，惊喜就在不远的未来等着我们……

5. 火星土壤

火星表面一片荒芜。根据火星车传回的数据可以知道，火星土壤几乎全部由矿物质构成，硫和铁（尤其是氧化铁）的含量比地球上的土壤高很多，而钾的含量只有地球土壤的1/5。而且，到目前为止，还没有在火星土壤中发现有机物。

在火星上，能像在地球上一样种植植物吗？在科幻影片和小说里，会有这样的情节：探索火星的宇航员为了在火星上生存，利用携带的种子，通过改造火星土壤，种出了农作物，并有了收获。其实，对于火星贫瘠的土壤来说，种植一些对土壤要求不高的植物是可能的。但是，需要提前去除一些有毒物质，如果能够配合施肥就更好了。在地球上，科学家通过模拟火星土壤进行了一系列种植实验。最终，他们成功种植出了数十种农作物。这足以证明，火星上的土壤是可以种植植物的。

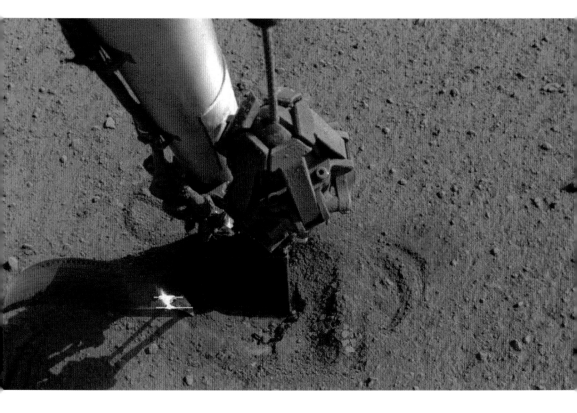

洞察号的机械臂尝试把热流探测器插入火星土壤。但是，由于设计缺陷，这个任务失败了（图源：NASA）

但是，在火星表面进行种植，仅仅有满足植物生长条件的土壤还不够，还需要满足适宜的温度、充足的大气和水分等必要条件。而火星表面的低温、低气压和高辐射等恶劣条件对于种植植物都是极其严峻的考验。所以，如果想在火星表面成功种植植物，还必须建设类似温室那样的设施。这将是非常复杂且成本高昂的大工程。在移民火星的早期阶段，食物还是要依靠从地球运送。等到火星农场有了收获，大家也必须保持省吃俭用的好习惯，同时必须进行资源的环保再利用。因为在火星进行农业生产的成本实在是太高了！

在未来的火星探索行动中，科学家计划让探测器把火星土壤样品封存在容器中，发送回地球进行更加精确的化验分析。那时，我们将对火星土壤有更全面的了解。

从火星采样发送回地球（图源：NASA）

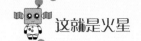这就是火星

复习与思考

1.奥林波斯山是年轻的火山还是古老的火山?

2.为什么说火星整体上比地球"粗糙"得多?

3.水手谷是一道峡谷还是一个峡谷系统?

4.火星两极的冰冠上除了水冰,还有哪种冰?

5. 火星的两个极冠的面积会随着季节更替而变化吗?

6. 火星上有风和云吗?

7. 火星上每个季节的长度大约是地球上的几倍?

8. 为什么说火星的"脾气"有点极端?

9. 科学家认为火星上的水大部分都去哪儿了?

10. 火星土壤几乎全部是由什么物质构成的?

第五章
点火，中国探测器！

"胖五"带着天问一号出发了（摄影：Tea-tia）

2016年1月，在月球探测工程取得突破之后，我国启动了火星探测计划。经过几年的艰苦努力，根据开展火星探测的技术路线，我国科学家已经完成了火星探测轨道设计、测控通信、自主导航和表面软着陆等关键技术的科研攻关，为开展自主火星探测奠定了技术基础。

2020年4月24日是中国的第五个航天日，就在这个特殊的日子里，国家航天局正式向全球发布了中国首次火星探测任务的名称和标识——首次火星探测任务被命名为"天问一号"。这个名称来源于屈原的楚辞名篇《天问》，寓意是"探求科学真理征途漫漫，追求科技创新永无止境"。

2020年7月23日，天问一号在海南文昌航天发射场由长征五号遥四运载火箭（"胖五"是它的昵称）发射。出发后，北京飞行控制中心的科学家们一直对它进行着密切监测和追踪。

2021年2月10日，天问一号第一次到达近火点时进行捕获制动，成功实现火星环绕，进入周期为10天的大椭圆轨道。2月24日，天问一号第三次运行至近火点时顺利实施第三次近火制动，成功进入停泊轨道。天问一号计划在停泊轨道上运行约2.5个月，大约每2个火星日运行一圈，当它经过预定着陆区上空时，会利用多种设备详细探测那里的地形、地质、地貌以及是否有沙尘暴等环境条件，为着陆巡视器的安全着陆做好充足准备。

2021年4月24日，在第六个中国航天日上，我国首辆火

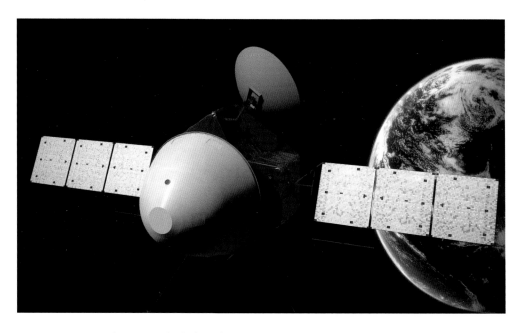

天问一号飞离地球，奔向火星示意图（图源：国家航天局）

星车名称揭晓，经全球征名、专家评审和网络投票等环节的层层遴选，最终，"祝融"光荣获选。在中国传统文化中，祝融被尊为最早的火神，象征着古代先民更加善于用火，更加有能力主宰自己的命运，为生活带来光明、温暖、健康和安全。首辆火星车以"祝融"命名，寓意是"点燃我国星际探测的火种，指引人类对浩瀚星空、宇宙未知的接续探索和自我超越"。

祝融号火星车高约 1.85 米，重约 240 千克，设计寿命约为 92 个地球日。它将在火星上开展地表成分、物质类型分布、地质结构以及气象环境等方面的巡视探测工作。

下面，我们就来更深入地了解这个雄心勃勃的探测任务吧！

任重道远
——天问一号的使命与目标

在前面的第三章里，我们已经认识了很多枚火星探测器。而且，眼下就有探测器和火星车正运行，持续从火星向地球发送大量信息。既然这样，我国还有必要耗费巨大的人力物力来发射新的火星探测器吗？答案当然是：有！虽然比起古人，我们对火星有了更多了解，但是，对火星的科学探测毕竟只进行了几十年，技术条件也是有限的，所以，很多探测数据还不够精确，很多谜题还有待解答。比如，好奇号探测到了微量甲烷，而 ExoMars 2016 却没有。因此，科学家们还要精益求精，再接再厉。

根据我国深空探测的总体规划和国际火星探测科学研究的进展，经过深入缜密论证，天问一号的探测任务大体确定为 ——围绕两大基础科学问题的 5 个科学目标。

两大基础科学问题：

（1）火星是否存在过生命或适合生命存在的环境。

（2）火星演化和太阳系的起源与演化。

5 个科学目标：

（1）研究火星形貌与地质构造特征。探测火星全球地形地

貌特征，获取典型地区的高精度形貌数据，开展火星地质构造
成因和演化研究。

（2）研究火星表面土壤特征与水冰分布。探测火星土壤种类、
风化沉积特征和全球分布，搜寻水冰信息，开展火星土壤剖面分
层结构研究。

（3）研究火星表面物质组成。识别火星表面岩石类型，探
查火星表面次生矿物，开展表面矿物组成分析。

火星探索设想图（图源：NASA/JSC by Mark
Dowman of John Frassanito & Associates）

（4）研究火星大气电离层及表面气候与环境特征。探测火星空间环境及火星表面气温、气压、风场，开展火星的电离层结构和表面天气季节性变化规律研究。

（5）研究火星物理场与内部结构。探测火星磁场特性。开展火星早期地质演化历史及火星内部质量分布和重力场研究。

上述 5 个科学目标，将通过环绕探测和巡视探测的结合来实现。环绕探测利用环绕器进行，着眼于开展火星全球性、整体性和综合性的详查探测，建立火星总体性和全局性的科学认知。巡视探测利用祝融号火星车进行，专注于火星表面重点地区的高精度、高分辨率的精细探测和就位分析。通过环绕器与祝融号火星车的独立探测和天地同时探测，实现对火星的表面形貌、土壤特性、物质成分、水冰、大气电离层和磁场等的科

祝融号火星车在火星巡视探测意图（图源：国家航天局）

学探测。

我国的首次火星探测任务就计划同时实施环绕探测和巡视探测，实现"绕、落、巡"一步到位，这是人类火星探测历史上的第一次尝试，展现了中国科学家的雄心、信心和实力。

敢于问天
——天问一号的难题与突破

向火星发射探测器是技术难度非常高的航天探测项目，需要克服很多的技术难点，稍有失误可能就会产生不可预料的严重后果。截至 2021 年 4 月，人类共发射了 48 枚火星探测器，成功率只有 50% 左右。主要原因是火星距离地球太遥远，探测器要耗时几个月，飞越几亿千米才能到达。这对火星探测器的发射、控制、通信等技术提出了极高要求。天问一号是中国向火星探测迈出的第一步，因此，在发射之前，一定要做好充分的准备，考虑到可能出现的各种情况，准备好应对措施。

1. 通信问题

火星与地球的距离约在 0.55 亿至 4 亿千米之间，而无线电信号的衰减与距离的平方成正比。这就是说，地球和火星探测器之间的无线电信号是非常非常微弱的。在地球上，科学家可以把信号收发设备建得非常庞大，并持续提供充足的能源。可是，

火星探测器的体积和能源都非常有限，所以，它携带的设备必须极其可靠、极其灵敏又极其小巧。另一方面，从地球发送到火星的无线电信号单程就需要 17 分钟左右，这又带来了通信延时问题，火星探测器的自主控制能力必须非常强才行。换句话说，火星探测器必须有一个"又聪明又冷静又有主见的大脑"，在等候来自地球的新指令期间，保持稳定运行。

为了保证与天问一号的正常通信，中国科学家在祖国大地的西端建设了喀什深空站，在东端建设了佳木斯深空站。这两

深空站示意图（图源：NASA/JPL-Caltech）

个深空站都配备了巨大的天线，例如，佳木斯深空站的天线直径达 66 米，差不多是 20 多层楼的高度了。但是，这还不够用。因为地球在不停自转，我们的国土每天总有约一半时间是背对着天问一号的。所以，中国科学家又去遥远的南半球建设了阿根廷深空站，对于我们来说，那里大致是地球的另一面。这样一来，就组成了一张完整的深空测控网，就算天问一号飞出几十亿千米远，测控专家们也能让它乖乖听话。

🪐 2. 火星探测器的轨道捕获问题

火星探测器在与运载火箭分离后，要经过大约 7 个月的漫长飞行，期间还要进行好几次高精度轨道修正，才能到达火星附近。怎么样精确地进入环绕火星运行的大椭圆轨道，被火星引力捕获（成为火星的人造卫星）是一个至关重要的关口，需要具备非常高超的控制技术。如果在这个环节出现失误，探测器会遭遇两个彻底失败的悲惨结局：要么与火星擦肩而过，在茫茫宇宙中一去不返；要么直接一头冲向火星，粉身碎骨，灰飞烟灭。只有顺利通过这一关口，然后再经过多次调整，探测器才能正式开始环绕探测，也就是完成火星任务"绕、落、巡"的第一步——绕。此后，火星探测器的轨道器与着陆器将会根据指令择机分离，轨道器继续在轨道上运行，完成对火星重点区域拍摄、火星环境监测等一系列任务，而着陆器与轨道器分

离后，就开始实施火星登陆。

3. 着陆器的降落问题

着陆器要在火星表面平安落地，必须要穿过火星大气层，这是整个火星探测任务中技术难度最大、失败概率最高的关键环节。因为，着陆器从 130 多千米的高空进入火星大气层，速度高达约 4.8 千米 / 秒，它要在短短约 9 分钟内把速度降到零。而且，着陆器进入火星大气层后，遥测和遥控信号会更加微弱，加上通信延时，整个着陆过程需要完全依靠着陆器自主进行。

进入火星大气层后，着陆器面对的就是防热设备、降落伞、气囊和缓冲火箭能不能按程序工作等一系列问题。每一步都性命攸关，一步出错，所有努力都前功尽弃，真是步步惊心！所以，有科学家幽默地把这个过程称为"黑色 9 分钟"。

下面，我们以天问一号着陆巡视器为例，简单了解一下这个惊心动魄的过程：

第一阶段是气动减速段，就是利用火星大气阻力，用时约 290 秒，把速度从 4.8 千米 / 秒减到 460 米 / 秒。这时，它距离火星表面约 11 千米。

接下来是伞系减速段，着陆巡视器打开面积约 200 平方米的巨大降落伞，用时约 90 秒，把速度降到 95 米 / 秒。这时，它距火星表面 1 千米到 2 千米。

随后，进入动力减速阶段。天问一号着陆巡视器配备了 1 台推力发动机和 26 台用于精确姿态控制的姿控发动机。在多台发动机的作用下，用时约 80 秒，把速度降到约 1.5 米 / 秒。

剩下大约 100 米是悬停避障与缓速下降段。悬停后，着陆巡视器同时开启 6 台仪器，对火星表面进行观察和分析，寻找最优着陆点。

4. 着陆方式的选择问题

目前，着陆器在火星上的软着陆方式主要有 3 种：

一是气囊弹跳式。这种方式简单，成本低，但只适合重量

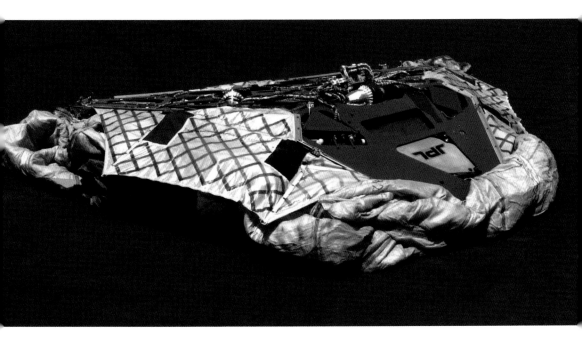

机遇号的憋气囊（图源：NASA）

反推着陆腿式示意图（图源：NASA）

小的探测器，而且着陆精度不高。大家可以设想一下，探测器包裹着圆滚滚的气囊，要顺着地势蹦蹦跳跳、翻翻滚滚好远才能停下来。美国探路者号、勇气号和机遇号都采用了降落伞＋气囊弹跳方式。

　　二是反推着陆腿式。这种方式较为复杂,成本较高,适合重量较大的探测器,着陆精度较高。美国凤凰号、洞察号和我国天问一号都采用了这种着陆方式。

　　三是空中起重机式。这种方式最复杂,成本最高,技术最先进,适合重量更大的探测器,能精确着陆。美国好奇号和毅力号都采用了这种方式。

空中起重机式示意图(图源: NASA/JPL-Caltech)

　　2021年5月15日7时18分，天问一号着陆巡视器在火星北半球乌托邦平原南部预选着陆区成功着陆，我国首次火星探测任务着陆火星取得圆满成功。中共中央总书记、国家主席、中央军委主席习近平致贺电，代表党中央、国务院和中央军委，向首次火星探测任务指挥部并参加任务的全体同志致以热烈的

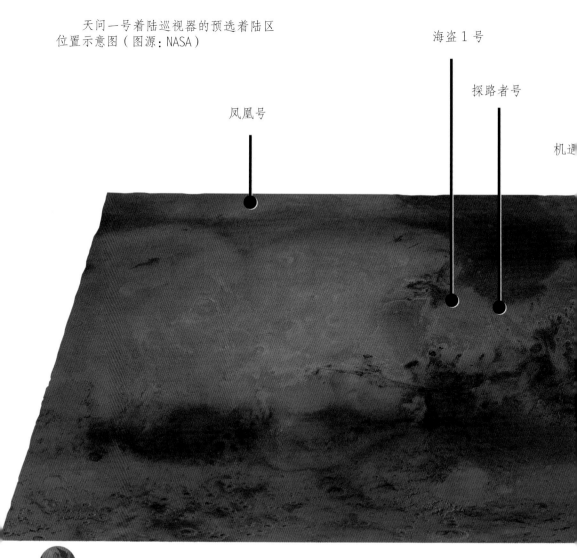

天问一号着陆巡视器的预选着陆区位置示意图（图源：NASA）

凤凰号

海盗1号

探路者号

机遇

祝贺和诚挚的问候。后续，祝融号火星车将依次开展对着陆点全局成像、自检、驶离着陆平台并开展巡视探测。

天问一号任务实现了第二宇宙速度发射、行星际飞行及测控通信、地外行星软着陆等关键技术的突破，实现了我国首次地外行星着陆，使我国成为继美国之后第二个成功着陆火星的国家，是中国航天事业发展历程中的又一座重要里程碑。

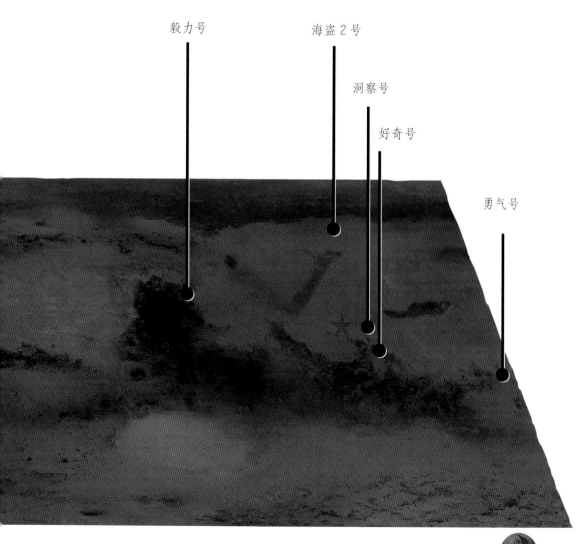

2021 年 5 月 19 日，国家航天局发布了祝融号火星车拍摄的两张图片。下方左图由祝融号火星车的前避障相机拍摄，正对着火星车的前进方向。图片中可以看到坡道机构展开正常；图片上部的两根伸杆是已经展开到位的次表层雷达；前进方向地形清晰。为获知火星车前进方向的地形信息，避障相机采用大广角镜头，在广角镜头畸变的影响下，远处地平线显得像一条弧线。下方右图由祝融号火星车的导航相机拍摄，镜头朝向火星车尾部。图片中可以看到火星车太阳翼和天线展开正常到位；火星表面纹理清晰，地貌信息丰富。

祝融号火星车在着陆平台上拍摄的图片（图源：国家航天局）

高瞻远瞩
——我国火星探测的未来规划

火星探索是一个周期很长的科学研究项目，我们国家已经制定了详细的长期规划。在天问一号任务完成后，我国将在2030年左右实施第二次火星探测任务。相比天问一号，第二次任务在发射、控制、着陆和探测等方面都将有大幅度的进步。具体目标之一是采集火星土壤样本后送回地球。这是一个非常艰巨的任务，大批科学家正在为顺利完成它而争分夺秒、快马加鞭。

宇航员在火星上工作的示意图（图源：NASA）

我国火星探测的长期总目标是，在为人类社会可持续发展提供服务的过程中，探索对火星环境的改造，探索大规模太空移民、最终建立人类第二栖息地的可能性。火星探测是充满挑战、困难和希望，同时也充满艰辛与收获的伟大事业，它需要我国航天人兢兢业业，积极进取，稳扎稳打地一步步推进。

对于当今的小读者来说，火星探索不仅仅是科学家和航天员的事业，它是一项涉及很多具体行业的宏大事业，它是一项充满创新性和可能性的伟大事业。只要你们努力学习，将来的某一天，你可能会直接或间接参与到这项事业中。只要你保持对航天事业的关注，将来的某一天，你可能会成为火星旅客、火星探索者甚至火星居民……

2020年窗口期的其他火星探测

大家有没有发现，火星探测器不能想什么时候发射就什么时候发射，而是要在窗口期发射。一旦错过这个窗口期，就要等上差不多两年。这是为什么呢？

这是因为，地球和火星都是围绕太阳做公转运动的行星，两颗行星的相对位置在一刻不停地变化着。地球绕着太阳公转一周需要365天，而火星绕太阳公转一周的时间是687天，它俩的会和周期大约是26个月。如果火星和地球正好运行到太阳的两侧，那时从地球发射的探测器根本到不了火星，因为实在是太遥远了（回想一下合与冲）。只有在地球和火星的会和周期才适合发射，这样的发射时机就被称为发射窗口期。对于火星探测来说，发射窗口期每隔 26 个月才会打开一次，每次通常是 2 个月左右。所以，科学家在做规划时，早早就通过精心计算给探测器预定了在窗口期的发射时间。每当窗口期到来，就可能会有好几个探测器争前恐后地飞向火星。

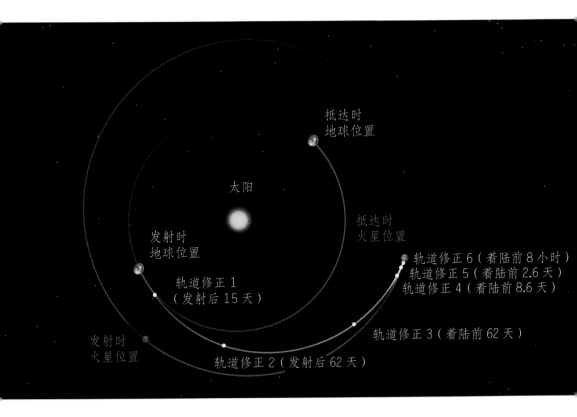

火星探测器发射窗口期示意图（图源：NASA JPL-Caltech　汉化：史凤仙）

在 2020 年的火星发射窗口期，就出现了这样繁忙的一幕。除了我国的天问一号，美国毅力号和阿拉伯联合酋长国希望号也同台竞技，共探火星。

2020 年的 7 月 30 日，毅力号出发了。2021 年 2 月 18 日，毅力号在火星成功着陆。着陆后不久，它就发送回历史上第一段火星录音文件，从中可以听到火星的微风声和火星车运行的

毅力号与机智号在火星上的合影（图源：NASA/JPL-Caltech/MSSS）

毅力号拍摄的机智号第二次试飞，右下角是机智号拍摄的自己的影子
（图源：NASA/JPL-Caltech/MSSS）

声音。毅力号的主要任务是搜寻火星上过去生命存在的证据。
它的着陆点在耶泽洛陨击坑里，之所以选择这里，主要是因为
这个地区地质状况丰富多样，河流带来的沉积物汇入这里，形
成了冲积扇。从陨击坑的卫星图像中，能很清楚地看到这些沉
积物，远古生命的遗迹有可能就保存在里面。毅力号将研究耶

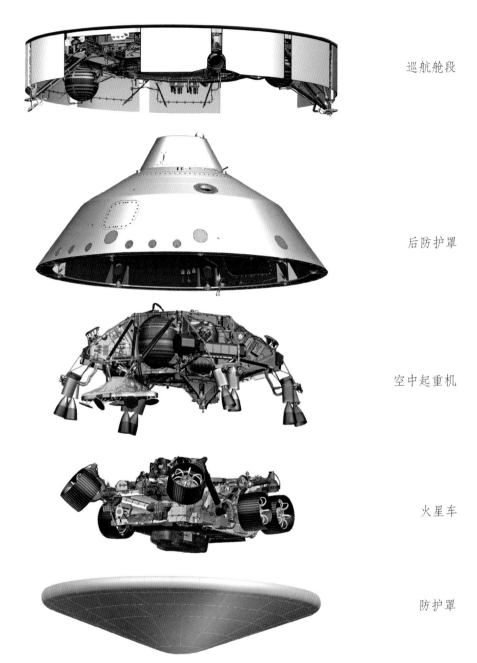

巡航舱段

后防护罩

空中起重机

火星车

防护罩

毅力号结构示意图（图源：NASA_JPL-Caltech）

泽洛陨击坑的地质结构，采集并保存几十份样本。这些样本先保持在火星上，可能最早要到2031年才能送回地球。美国国家航空航天局和欧洲航天局正在联合规划这项极具挑战性的太空任务。火星样本一旦送回地球，科学家们将进行很多项精密分析，寻找火星生命的潜在证据。这些分析离不开庞大的设备和完善的科研团队等，是火星车在火星上无法进行的。

2021年4月7日，毅力号释放了它携带的机智号直升机。小巧的机智号只有1.8千克重，0.49米高，以太阳能为动力。它有两个1.2米长的螺旋桨，1秒钟就能转动大约400圈！4月19日，机智号首次试飞，在3米高的空中稳定悬停了30秒。这短短的30秒创造了历史，实现了人造飞行器在外星球的首次飞行，也开启了外星探测的新领域。从4月22日到5月7日，机智号直升机又进行了4次飞行。它不仅飞得更高更远，还录下了自己飞行时的声音。机智号身上藏着一个小秘密——为了纪念发明人类第一架飞机的莱特兄弟，美国国家航空航天局的工程师从那架飞机上剪下一小块织物，贴在了机智号上。

阿拉伯联合酋长国是火星探测的新秀。2020年7月20日，该国的希望号从日本种子岛航天中心发射升空。它的主要任务是拍摄火星的图像和光谱，收集火星的气象信息，为火星气候和季节周期研究提供资料。2021年2月9日，希望号率先进入环绕火星轨道，展开了探测任务。

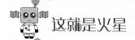

复习与思考

1. "天问" 的寓意是什么?

2. 天问一号是什么时候发射升空的?

3. 天问一号携带的火星车叫什么名字?

4. 建立火星基地,是天问一号的任务吗?

5. 天问一号将同时对火星实施哪两种探测？

6. 如果探测器没有被火星捕获，会有什么后果？

7. 天问一号的着陆器将采取哪种着陆方式？

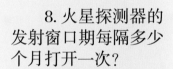

8. 火星探测器的发射窗口期每隔多少个月打开一次？

9. 希望号是哪个国家的火星探测器？

10. 毅力号火星车携带着一个什么特殊探测设备？

火星移民设想图（图源：NASA）

　　历经几百年的努力，我们对火星已经有了基本的了解，火星探测也在如火如荼地进行中。我们探索火星的最终目标是要改造它并移居过去，建立人类的第二家园。那么，怎么改造火星呢？人类移民火星还有哪些问题需要解决呢？到目前为止，科学家还没有很具体的可操作方案，一切都在尝试之中。小读者，你们可以开动脑筋，提出自己的方案和建议。也许，你脑海中的一个小小火花，就是未来火星改造和移民计划中的一个大大亮点！下面，我们就一起来探讨一些具体问题吧！

创造宜居家园
——改造火星

　　人类改造火星的目的就是要把它变成适合人类生存的理想家园。因此，改造火星需要参考地球的环境。人类生存所必需的最基本条件有：适宜的温度、充足的氧气和能够饮用的水等。

1. 如何提升火星的温度

　　现在火星的平均温度是 -63℃，而地球南极的平均温度大约是 -25℃。对于人类和其他动植物来说，火星实在是太过寒冷了。如果能将火星的平均温度提升到和地球的平均温度（14℃左右）差不多，那是最理想的情况了。通过什么样的手段来提升火星的温度呢？地球变暖已经是毋庸置疑的事实，而导致地

火星大气温度测量示意图（图源：NASA）

球变暖的主要原因是人类活动引起的二氧化碳排放。这就给了我们一个提升火星温度的好思路——利用二氧化碳提升火星的温室效应。问题是怎么来实施这个方案呢？目前，科学家已经通过探测器确定，火星两极和其他部分地区储藏着大量二氧化碳。只是由于温度太低，这些二氧化碳都保持着固态干冰的形式。如果能够将它们释放到火星大气中，就能显著增加火星大气的密度，储存更多的太阳能量，提高火星的平均温度。这就好比是给火星建造一个玻璃温室外壳，或者罩一层保温膜。

沿着这个思路，有科学家设想，可以建造一个足够大的反光镜，发射到火星轨道上，把太阳光反射到火星富含二氧化碳的区域，比如火星南极，这样火星南极的冰冠就会融化，释放出二氧化碳和水。只是，如果采用这个方案，这面轨道反光镜的半径需要达到 100 千米以上！只有这么巨大，才能够反射足够多的阳光。这个方案的技术难度很大，成本也非常高，所以它很难实现。

还有科学家非常大胆地提出，在火星上引爆核弹来释放大量热能，使火星温度升高。虽然这种方法听起来好像非常简单快捷，但如果实施，弊端是非常明显的。因为核爆炸会造成严重的核污染，残留的核辐射甚至会持续达数万年之久。这样的话，火星就不再适宜人类居住了。而且，想让火星升温，需要引爆好多颗核弹才行。

此外，还有一种奇思妙想，那就是先找到一颗合适的小行星，在它上面安装火箭，改变它的运行轨道，使它与火星相撞。

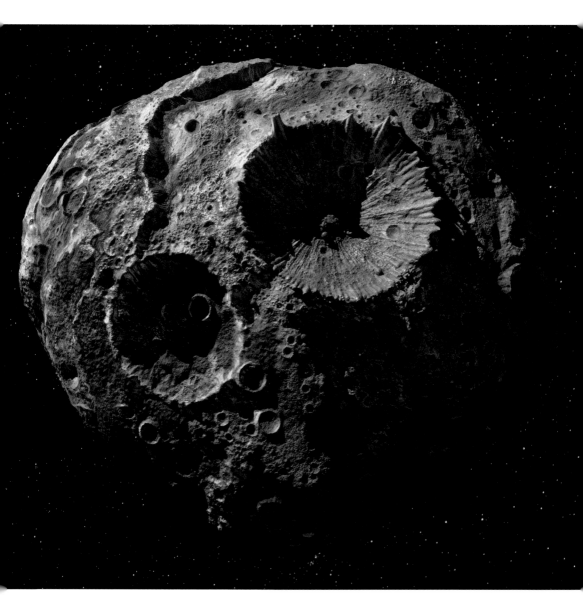

小行星示意图（图源：NASA）

这样的撞击不仅会产生大量的能量，还会释放出温室气体，从而达到给火星升温的目的。不过，这种方案的难度是显而易见的，因为大小和轨道都合适的小行星是可遇不可求的。而且，火箭的成本、运送和安装也是一系列难题。

2. 氧气的制造

火星的大气非常稀薄，而且主要成分是二氧化碳。如果能在火星上利用二氧化碳制造氧气，那就太好了！虽然技术难度很大，但科学家们已经开始实践了。美国国家航空航天局的工程师在毅力号上安装了一台名为MOXIE的设备，用它进行"火星氧气原位资源利用实验"，基本原理是通过电解的方式，把二氧化碳分解成碳和氧。2021年4月20日，好消息传来了！烤箱大小的MOXIE在1小时内制造了大约5.4克氧气，够一位宇航员呼吸10分钟。等到未来把大型同类设备运送到火星，就可以为火星移民和火星上的火箭发射提供充足的氧气了。

在火星上制造氧气的第二种思路是利用一种特殊的植物——蓝藻。蓝藻是一种生命力非常顽强的、能进行产氧性光合作用的大型单细胞原核生物，也是地球最早的氧气供应者之一，它可以利用很微弱的阳光进行光合作用。科学家已经发现，这类神奇生物可以生活在沙漠、极地甚至国际空间站的外部。未来，我们可以尝试通过宇宙飞船把蓝藻发送到火星，设法让

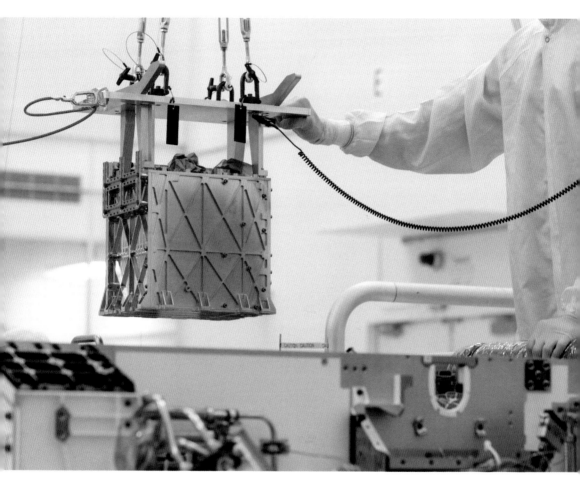

工程师正在把 MOXIE 安装到毅力号上（图源：NASA/JPL-Caltech）

它们在火星恶劣的环境下存活下来，为火星生产氧气。

此外，还有科学家设计了一种反应器，让二氧化碳分子撞击金箔，从而产生氧气。这种反应器现在的效率还很低，并不实用。但是，设计者相信，随着技术的提高，将来它有可能为探索火星的宇航员服务。

⛰ 3. 水的获取

　　水是生命之源，要想在火星上生存，必须要有足够量的、能够饮用的水。目前对火星的探测结果已经证明，火星的地下和两极有大量的水冰存在，甚至还发现了 4 座冰下湖。这样看来，水源的问题比较容易解决，只需要对水进行净化处理，达

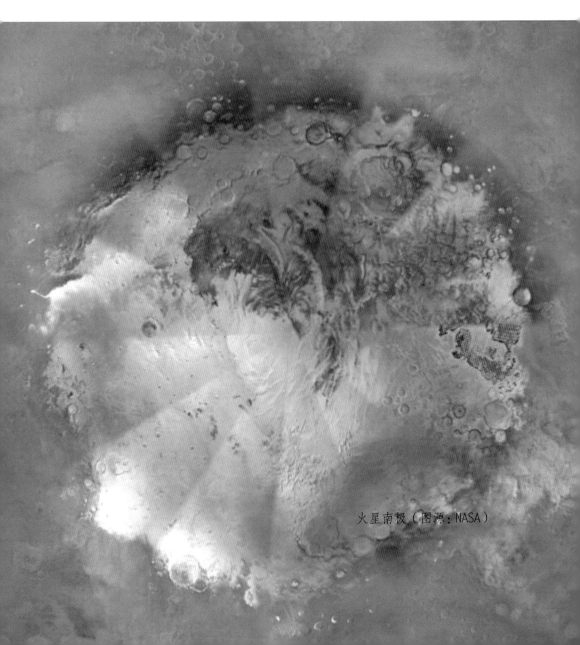

火星南极（图源：NASA）

飞临火星的彗星（图源：NASA/JPL-Caltech）

到人类饮用标准就可以了。但是，有些科学家认为，火星上的水量并没有那么多，不能满足人类移民后的需求。解决这个问题的设想有很多，比较实际的是在火星上建设能够制造水的工厂。更为大胆的设想是引导彗星撞击火星给它"补水"！因为彗核含有冰。这个设想看似离奇，但并非毫无根据。有科学家认为，地球上的部分水就来自彗星。

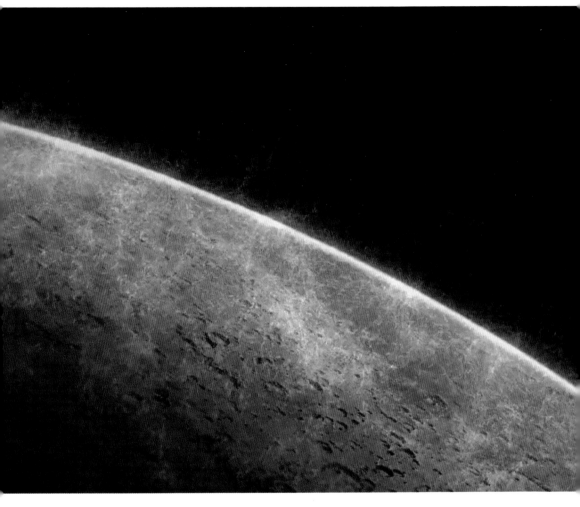

火星水汽逃逸示意图（图源：NASA）

4. 火星磁场的构建

改造火星面临的最大难题是火星磁场问题。现在的火星没有全球性的磁场，只存在一些局域性磁场，而且强度仅仅是地球磁场的 0.1% 左右。磁场的作用不仅是让我们用指南针确定方向，更重要的是屏蔽空间辐射，阻挡太阳风，保护大气层。没有磁场的后果极其严重，一方面，生命会暴露在空间辐射的致命威胁中；另一方面，即使改造了火星的大气层，也无法维持，因为它很快就会被太阳风吹走。因此，要移民火星，必须先解决磁场问题。

一些科学家认为，早期的火星是有磁场的。火星磁场来自它内核流动的金属。那时，火星也拥有和地球类似的大气层，表面有流动的液态水，气温也没有现在低。后来，由于液态金

太阳风影响火星大气的示意图（图源：NASA）

属逐步固化，火星的磁场也跟着变得越来越微弱。这导致火星的大气直接暴露在太阳风之下，逐渐散失，越来越稀薄。而火星表面的水分逐渐蒸发，被分解成氧气和氢气，也被太阳风带走了。火星就变成了现在的荒凉星球。

所以，改造火星重点就是重新为火星建立磁场。美国国家航空航天局提出了一个方案，那就是在火星和太阳之间建造一个特殊设备，它产生的磁场能把火星包裹住，形成一个人造磁层，这样就能抵御太阳风的侵袭。没有了太阳风高能粒子持续不断的攻击，火星的大气将随着时间的推移而慢慢变浓，表面温度会逐步上升，从而融化一些水冰和干冰。同时，再配合其他方法，引发火星的温室效应，形成连锁反应，就能使火星的温度不断升高。但是，从目前的情况来看，无论是技术还是资源，人类还无法为火星构建并维持人工磁场。另外，还有科学家提出，可以尝试在火星的两极建造核电厂，用强大的电力制造并维持人工磁场。当然，这只是非常初步的设想，是否可行还需要进一步论证。

更高的科学门槛
——移民火星的关键技术问题

为火星创建了能够约束大气、抵御太阳风侵袭的磁场，有了浓厚的能储存热量的大气层，有了能供人类维持生命的氧气和饮用水后，人类在火星上生存的基本条件就具备了。这时，火星的改造就基本上大功告成了。不过，说基本条件都要说半天，实际做起来就更难了。即便很乐观地来估计，这个改造过程也可能会耗费几百年的时间。真可谓"功成不必在我"呀！

下一步，科学家就可以把地球上的一些动植物先送到火星，使它们能够在火星上生息繁衍并进一步改善火星环境，形成生物圈。等到这个生物圈稳定后，人类移民火星的计划终于可以实施了！可是，先别松气，人类移民火星仍会面对一系列难题：

核动力宇宙飞船设想图（图源：NASA）

1. 太过漫长的飞行时间

由于火星与地球都在围绕着太阳以不同的速度做公转运动，从地球到火星的路径不可能是最短的直线，而是较大的弧线路径，行程在 4 亿千米以上。目前宇宙飞船的理论航速是 11.2 千米 / 秒，按这个速度，单程最短也要花费差不多七个月的时间。如此漫长的飞行时间，对于移居火星的人们来说，是一系列巨大的生理和心理挑战。比如，长期失重造成的肌肉萎缩、骨质脱钙；难以承受的焦虑、孤独甚至恐惧。要解决这些问题，最有效的途径当然是缩短飞行时间。现有技术已经达到了速度极限。科学家提出了种种设想，如核动力、电磁发动机和太阳帆等。但是，这些技术什么时候能够应用还是未知数。但愿这些新技术能够在火星改造完成前应用，让我们拭目以待吧！

2. 强大而致命的空间辐射

在茫茫外太空，载人宇宙飞船会遭遇伽马射线、高能质子和宇宙射线的联合"攻击"。这些辐射对人体有严重伤害，在目前的科技水平下，一部分辐射可以被宇宙飞船遮挡，但还有一部分会穿透宇宙飞船。例如，银河宇宙射线的能量高且穿透性强，普通飞船的外壳基本无法阻挡。即使是 30 厘米厚的铝板，防护效果也极为有限。对于长时间乘坐飞船的人来说，这是非常致命的威胁。科学家为此绞尽脑汁，但进展不大。目前正在研制的新型防辐射宇航服应该是比较好的解决方案，但还在摸索中，有待突破。

3. 要让宇宙飞船又快又大

要移民火星，就需要有能够乘坐多人并携带很多设备的大

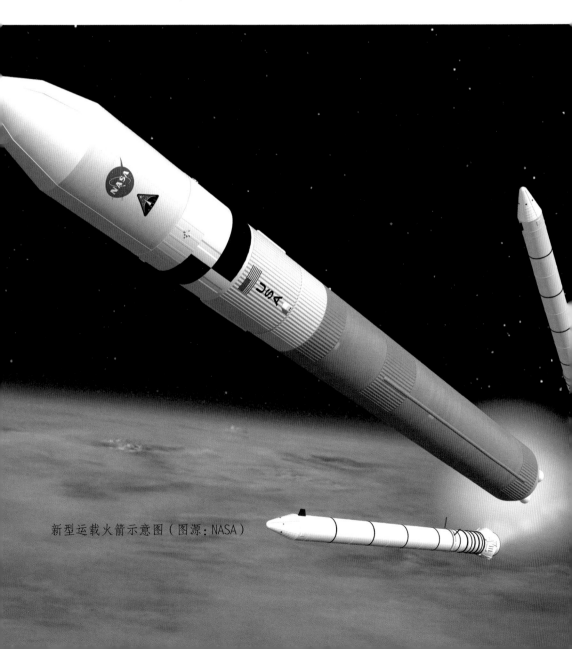

新型运载火箭示意图（图源：NASA）

容量飞船。美国国家航空航天局建造的航天飞机能搭载 7 位宇航员,这已经是目前能达到的极限。能够登陆月球的阿波罗飞船,重量将近 50 吨,要靠重型火箭才能发射到地月转移轨道,并达到 10.9 千米 / 秒的速度。而要前往火星,则需要宇宙飞船进入地火转移轨道,并达到 11.2 千米 / 秒的第二宇宙速度(如果达

宇航员探索火星示意图(图源:NASA/JSC)

不到，宇宙飞船就无法摆脱地球引力的束缚）。因此，火箭运载能力必须更强才行。这是科学家面临的非常棘手又至关重要的问题。针对这个问题，目前主要有两种设想：一是把运载火箭和宇宙飞船拆开，分批发射到近地轨道，然后在太空中对接组装后再飞往火星；二是在月球上或月球轨道建立太空基地，作为前往火星的中转站。这些设想听起来像科幻电影的情节，但未来的科技能力，或许比科幻更科幻！

4. 如何适应火星的低重力环境

即使对火星环境的改造非常成功，大气环境、磁场环境和生态环境都能够满足人类移居的需求，但还有一个重要的问题得面对，那就是火星的重力问题。火星上的重力只有地球的三分之一，人体在这种环境下所受到的重力和压力都会变得更小。这种现象听起来好像不错，人变得轻盈了，飘飘欲飞，行动可以更敏捷了。但现实是冷酷的，人体很难适应那样的失重环境。科学家曾经做过低重力环境模拟实验，宇航员在那种环境下长时间生活会出现脱水、骨质疏松和心率变慢等一系列的健康问题，而且可能还有其他健康问题没被发现。此外，人的生育也将面临问题。这很可能意味着人类移居火星后就会终止演化。因此，如何使人类在火星的低重力环境下生息繁衍并健康生活是移民火星之前必须解决的课题。

复习与思考

1. 人类生存所必需的最基本条件有哪些?

2. 把哪种气体释放到火星大气中可以提升火星的温度?

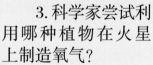

3. 科学家尝试利用哪种植物在火星上制造氧气?

4. 火星有全球性磁场吗? 火星磁场强大吗?

5. 没有磁场会有什么后果？

6. 飞往火星，单程大约需要几个月？

7. 科学家设想在哪里建立太空基地，作为前往火星的中转站？

8. 科学家认为火星的水资源现在都储存在哪里？

9. "火星氧气原位资源利用实验"的设备搭载在哪辆火星车上？

10. 火星的磁场为什么变弱了？

尾声 人类宇宙雄心的中继站

　　人类已经经历了从认识火星到探索火星的艰难历程，下一步的登陆火星、改造火星到移民火星更是一个长期的、艰苦的、充满荆棘的过程，需要几代人甚至几十代人的不懈努力才能完成。但是人类探索太空的欲望是没有止境的，随着科学技术的不断进步，人类一定能攻克各种艰难险阻，实现移民火星的梦想。

　　本书梳理了已知的火星基本知识点、人类对火星曲折的认识过程以及对火星艰辛的探测历史。从中我们能够看出，人类要进军太空，不但需要坚定的信心、顽强的斗志、锲而不舍的探索精神以及精益求精的科学态度，更要有先进的科学技术作为后盾。火星作为太阳系中除地球以外最为重要的行星，对于人类进军太空，开辟人类第二家园具有重要意义。到目前为止，人类对火星虽然已经进行了许多次探测，但这只是初步的探测。

随着航天技术的飞速发展，人类对火星的探测将更加深入。下一步，人类将登陆火星，对火星进行实地勘测，为改造火星、建造火星城、最终移民火星做好充分准备。我国作为航天大国，对月球的探测正在稳步有序地推进，嫦娥五号已经成功携带月球样品返回，下一步将实施载人登月以及建立月球基地。虽然对火星的探测才刚刚起步，在前进的道路上肯定会有许多想到的和想不到的技术难题需要攻克。但是，中华民族是勤劳智慧的民族，我们有决心、有信心在未来的火星以及深空天体探测上攻坚克难，迎头赶上，为人类社会的进步和发展做出我们自己的贡献。

写在天问一号着陆巡视器成功着陆之际。

（图源：NASA）

附录

主要资料来源

中国航天科普：www.spacemore.com.cn
中国国家航天局 (CNSA)：www.cnsa.gov.cn
国家天文科学数据中心 (NADC)：nadc.china-vo.org
美国国家航空航天局 (NASA)：www.nasa.gov
美国喷气推进实验室 (JPL)：www.jpl.nasa.gov
欧洲航天局 (ESA)：www.esa.int
俄罗斯联邦航天局 (Roscosmos)：www.roscosmos.ru
日本宇宙航空研究开发机构 (JAXA)：www.jaxa.jp

参考文献

1. 耿言，周继时，李莎，等. 我国首次火星探测任务. 深空探测学报，2018，5 (5)：399-402.

2. 李春来，刘建军，耿言，等 中国首次火星探测任务科学目标与有效载荷配置[J]. 深空探测学报，2018，5 (5)：406-413.

3. 欧阳自远，肖福根. 火星探测的主要科学问题. 航天器环境工程，2011，28(3):205-217.

4. 谢更新，张玉花. 解密好奇号：火星巡视探测器任务与设计[M].北京：中国宇航出版社，2021.

5. 吴伟仁，马辛，宁晓琳. 火星探测器转移轨道的自主导航方法，中国科学：信息科学，2012，42:936-948.

6. 郑永春. 火星零距离. 杭州：浙江教育出版社，2018.

7. 大卫·M. 哈兰德. 火星全书 (中文版). 北京：北京联合出版公司，2019.

致谢

感谢李泽翊、Tea-tia、居宁和@ 大麦芽提供摄影作品，支持本书的出版！

（图源：NASA）